著 者 简 介

魏益民　男，1957年11月生，陕西省咸阳市秦都区人。联邦德国吉森·李比希大学农学博士。曾任西北农林科技大学副校长（1996～2003年），中国农业科学院农产品加工研究所所长（2002～2010年）。现为中国农业科学院农产品加工研究所教授，农产品质量与食物安全专业博士生导师，国家现代农业（小麦）产业技术体系加工研究室主任，国家食物与营养咨询委员会副主任，国家食品安全风险评估专家委员会委员，美国国际谷物化学家学会（AACC International）会员、澳大利亚皇家化学协会（RACI）会员。

主要研究方向：食品质量与安全，粮食加工工程。先后主持和参与规划“十五”、“十一五”国家科技支撑计划重大项目“食品安全关键技术”课题，国家科技攻关计划重点课题，“十一五”、“十二五”现代农业（小麦）产业技术体系建设专项，国家自然科学基金项目（31371774），国家高科技研究发展计划（863计划），农业部引进国际农业科学技术计划项目（948计划），科技部国际科技合作与交流项目等。

完成的相关著作有

① 中国食品安全控制研究. 北京：科学出版社，2008.

② 食品安全学导论. 北京：科学出版社，2009.

③ 牛肉产地溯源技术研究. 北京：科学出版社，2009.

④ 植源性食品污染源溯源技术研究. 北京：科学出版社，2010.

⑤ 羊肉产地指纹图谱溯源技术研究. 北京：科学出版社，2014.

郭波莉　女，1974年4月生，陕西省渭南市人。博士，研究员，博士生导师。1998年7月毕业于西北农业大学食品科学系，获农产品贮运与加工专业工学学士学位；2001年7月毕业于西北农林科技大学食品科学与工程学院，获食品科学专业工学硕士学位；2001年7月至2004年7月

在西北农林科技大学食品科学与工程学院任助教、讲师；2004 年 9 月至 2007 年 7 月在中国农业科学院农产品质量与食物安全专业学习，获博士学位。2007 年 7 月至今在中国农业科学院农产品加工研究所工作。

中国生态学会稳定同位素生态专业委员会委员、中国食品科学技术学会食品真实性与溯源分会理事、北京食品学会理事。

主要从事谷物加工、农产品及其危害物溯源、产业链安全控制理论与技术研究。主持和参与“十三五”国家重点研发计划课题、“十二五”国家科技支撑计划项目、国家自然科学基金项目、农业部农业财政项目、中国工程院咨询项目等 20 余项。获中国食品科学技术学会科技创新奖一等奖 1 项，陕西省科学技术奖二等奖 1 项。发表研究论文 100 余篇，其中 SCI 收录 25 篇；完成的主要学术专著 5 部；授权发明专利 8 项；获得计算机软件著作权 13 项。

刘宏艳　女，1989 年 12 月生，内蒙古赤峰人。博士，助理研究员。2011 年 7 月毕业于中国药科大学药学院，获食品质量与安全专业理学学士学位；2017 年毕业于中国农业科学院农产品加工研究所，获农产品质量与食物安全专业农学博士学位。现于中国农业科学院都市农业研究所从事食品产地溯源、植物与人类健康相关研究。先后参与了国家自然科学基金项目、国家重点研发计划项目、农业部生鲜乳质量安全监测工作、宁夏农林科学院科技创新先导资金项目等。在食品产地溯源技术研究方面以第一作者发表论文 10 余篇，其中 SCI 收录 7 篇。

赵海燕　女，1984 年 7 月生，副教授，山东省莱州市人。2008 年毕业于青岛大学，获食品科学与工程专业学士学位；2013 年毕业于中国农业科学院农产品加工研究所，获农产品质量与食物安全博士学位。现于青岛农业大学食品科学与工程学院从事食品溯源、食品安全相关的教学与科研工作。主持了国家自然科学基金青年科学基金项目 1 项，参与了“十二五”国家科技支撑计划、国家高科技研究发展计划（863 计划）和国家自然科学基金项目等食品溯源相关课题的研究。在食品溯源研究方面以第一作者或通讯作者发表学术论文 20 余篇，其中 SCI 收录 10 篇；以第一发明人授权国家发明专利 2 项。

谷物产地指纹溯源
理论与技术

魏益民　郭波莉　刘宏艳　赵海燕　著

科学出版社
北　京

内 容 简 介

本书是在作者长期从事食品安全方面的研究，尤其是在食品溯源技术方面做了大量深入系统的科研工作的基础上，重点以谷物的典型代表作物——小麦为模式植物，通过多点、多年、多基因型的田间试验，系统分析了地域、年际、基因型及其交互作用对食品产地溯源稳定同位素指纹信息、矿质元素指纹信息的影响，定量解析了不同因素对各溯源指标影响的贡献率；明确了食品产地溯源指纹信息的成因，确定出有效、稳定的食品产地溯源指标体系，可为食品产地溯源技术的研究与应用提供理论依据。

本书可供从事食品安全研究的科研人员，食品安全监管人员，大专院校食品质量与安全专业的本科生、研究生阅读。

图书在版编目（CIP）数据

谷物产地指纹溯源理论与技术/魏益民等著. —北京：科学出版社，2019.6
ISBN 978-7-03-061462-9

Ⅰ. ①谷… Ⅱ. ①魏… Ⅲ. ①小麦–产地–指纹鉴定–研究 Ⅳ. ①S512.1

中国版本图书馆 CIP 数据核字(2019)第 107939 号

责任编辑：罗 静 付 聪 / 责任校对：郑金红
责任印制：赵 博 / 封面设计：北京铭轩堂广告设计有限公司

科学出版社 出版
北京东黄城根北街 16 号
邮政编码：100717
http://www.sciencep.com
北京富资园科技发展有限公司印刷
科学出版社发行 各地新华书店经销
*
2019 年 6 月第 一 版 开本：720×1000 1/16
2025 年 1 月第二次印刷 印张：8 插页：1
字数：161 000
定价：98.00 元

《谷物产地指纹溯源理论与技术》
参与人员名单

（按姓氏拼音排序）

包小平　郭波莉　贺媛媛　李　明　刘宏艳　孙倩倩
魏　帅　魏益民　张　波　张晓文　张影全　赵海燕

序

随着消费者对食品安全、营养健康、消费便捷需求的提升，食品跨国界、跨地区流通日益频繁，食品来源及品牌受到消费者的高度关注。食品产地溯源有利于在发生食品安全事件时迅速找到污染来源，有效防止污染源扩散；有利于减少召回损失和社会影响，保障食品产业健康发展；也有利于对地理标志农产品及名优特产的品牌保护，保障消费者健康和公平交易。

该书以分布广泛、消费比例较高的代表性作物小麦为模式作物，通过设计的多点、多年、多基因型的田间试验，获取代表性样本，系统研究了地域、年际、基因型及其交互作用对食品产地溯源稳定同位素指纹信息、矿质元素指纹信息的影响，定量解析了不同因素对各溯源指标影响的贡献率；明确了食品产地溯源指纹信息的成因，确定了有效、稳定的食品产地溯源指标体系，可为食品产地溯源技术的应用提供理论依据。

该书著者团队长期从事食品质量与安全方面的科研和教学工作，尤其在食品溯源技术方面做了大量的、富有成效的研究。主持或参与了“十一五”、“十二五”国家科技支撑计划重大项目，“十三五”国家重点研发计划课题，国家自然科学基金项目，现代农业产业技术体系建设专项，国家农业科技创新工程等相关科研项目。在肉类（牛肉、羊肉等）、水果（猕猴桃、梨等）、谷物（小麦、谷子等）及药食同源产品（枸杞、玛卡、葛根）等原产地溯源理论与技术、溯源数据库建设方面均做了大量的工作。提出了食品溯源及确证技术开发的科学可行性、食品种类适用性和实际应用经济性应用原则。在食品安全领域发表学术研究论文百余篇，其中，食品溯源方面的学术论文 50 余篇；完成专著 5 部。多次参加国内外学术会议，与国际相关机构保持人员和信息交流，在食品及食品污染物溯源领域具有较大的影响。

该书为研究性专著，设计和撰写框架力求由浅入深，由表及里，便于读者理解和接受；观点陈述希望论点明确、论据充分，让读者从中有所收获或启发。

中国工程院院士

2019 年 4 月 23 日

前　言

随着居民收入增长、消费水平提高，以及电子商务的快速发展，食品跨国界跨区域流通越来越频繁，食品原产地和来源受到监管部门和消费者的关注。食品产地与疫病疫情、污染事件等密切相关。当发生食品安全事件时，首先要确定发生区域和食品的来源地。食品原产地溯源是危害物溯源的前提和基础，食品产地也与食品的营养品质密切相关。原产地溯源与确证有利于实施名优特产品的监管和保护，提升产品的品牌效应。但在食品实际生产和流通中，受经济利益的驱动，一些不法商贩常以假乱真、以次充好，以一般食品冒充原产地特色产品，欺骗消费者，造成食品安全隐患和原产地产品市场混乱，损害消费者利益，影响市场诚信体系建设，严重制约了食品产业的可持续发展。因此，亟须建立一套独立、科学的技术体系，以鉴别和确证食品产地来源，保护消费者健康，推动食品产业的可持续发展。

稳定同位素指纹和矿质元素指纹是用于食品原产地溯源的有效技术。生物体内稳定同位素指纹和矿质元素指纹与其产地的气候、地形、地质等因素密切相关，不同地域来源的生物体中稳定同位素指纹和矿质元素指纹之间存在差异，这种差异携有环境因子的信息，反映生物体所处的环境条件，是区分不同来源物质的一种“自然指纹”。国内外学者已研究证实稳定同位素指纹和矿质元素指纹可用于肉类、乳品、水果、谷物、茶叶、蜂蜜等多种农产品的原产地溯源。

作者团队对牛肉产地稳定同位素和矿质元素指纹溯源技术进行了系统研究，并以羊肉为研究对象，对上述溯源技术进行了验证。又将此溯源技术用于猕猴桃、枸杞等地理标志农产品的鉴别研究与应用之中。

随着研究的不断深入，一些深层次的理论问题亟待解决。食品中稳定同位素指纹和矿质元素指纹不仅与地域有关，也受年际、基因型及其交互作用的影响。食品溯源指纹中各项指标受地域、年际、基因型及其交互作用的影响程度如何，哪些指标与地域密切相关且受其他因素影响较小等问题，目前还不清楚。系统分析各项溯源指标的稳定性及有效性，筛选出与地域相关的指标是食品产地溯源技术研究与今后应用的关键。要回答这些理论问题，需要选用模式生物，进行多点、多年、多基因型的分析。针对此问题，作者考虑到小麦具有分布的广泛性、品种的多样性和遗传的一致性特点，随即选取小麦作为模式植物，选定 10 个小麦品种，于 2010/2011 年度、2011/2012 年度、2012/2013 年度、2013/2014 年度、2014/2015 年度连续 5 个年度在河北石家庄、河南新乡、陕西杨凌三个地点种植、收获，开展田间模型试验，深入研究稳定同位素指纹和矿质元素指纹信息受地域、基因型、年际及其交互作用的影响，明确了各项溯源指标的稳定性及有效性。本书即是对这些研究内容和结果的系统归纳和全面总结。

本书共分 6 章，各章的主要内容概括如下。

第 1 章，农产品产地溯源技术概述。阐述了国内外专家利用稳定同位素指纹和矿质元素指纹在农产品产地溯源研究方面的最新进展，重点分析了各国专家在溯源指纹信息形成机理方面的探索性研究思路和方法，以及本书研究内容与前人研究的异同和重点探索的问题。

第 2 章，多元素指纹对谷物产地溯源的可行性及有效性。本章以小麦为谷物的典型代表，重点分析了中国不同地域来源小麦样品中稳定同位素和矿质元素组成的差异特征，进一步验证利用多元素指纹分析技术对小麦产地溯源的可行性及有效性。

第 3 章，基因型和环境对谷物产地溯源指纹信息的影响。本章重点分析了地域、年际、基因型对小麦籽粒中稳定同位素比率和矿质元素含量的影响，解析了地域、年际、基因型及其交互作用对各溯源指标变异的贡献率，筛选出受基因型、年际等因素影响较小，与地域密切相关的元素作为产地溯源的指纹信息。

第 4 章，产地环境对谷物产地溯源指纹信息的影响。稳定同位素和矿质元素指纹分析技术用于农产品产地溯源可行性的前提是其受地域因素的影响，不同地域来源的农产品中溯源指纹有各自的特征。地域因素包括土壤、水文、气候、大气等，土壤、水是小麦籽粒中溯源指纹信息的主要来源。本章重点分析了降水、土壤水、地下水等不同水体与小麦籽粒稳定氢同位素的关系，土壤总锶和有效态锶同位素与小麦籽粒中锶同位素的关系，以及不同剖面土壤矿质元素与小麦籽粒矿质元素的关系。进一步明确了稳定同位素和矿质元素溯源指纹信息的成因，并筛选出用于农产品产地溯源既有效又稳定的指标。

第 5 章，谷物制粉产品产地多元素指纹溯源的可行性。本章重点解析了不同地域、不同基因型和不同制粉产品中稳定同位素及矿质元素溯源指纹的差异特征，明确了全麦粉与制粉产品中溯源指纹的关系，为小麦等谷物及相关产品的产地溯源提供了理论依据。

第 6 章，谷物产地溯源理论与技术问题讨论及研究展望。本章概括总结了全书的研究结果和结论，并对研究的优势、特色及局限性进行了分析和讨论。在此基础上，明确了进一步的研究重点和方向。

不同生物体对元素及其同位素的累积是一个复杂的过程，本书仅以小麦为模式植物进行研究，此结果在谷物产品中的应用可能有较高的代表性。然而，该结果在其他产品中的应用，难免会有一定的局限性，还需要进一步研究验证。食品产地溯源技术研究与应用是一项复杂的系统工程，本书仅为读者提供一种研究思路和方法，后续还需要广大学者不断探索和研究，对其中的产品、方法、结果和结论进行补充完善。

著　者

2019 年 4 月 23 日

目　　录

第1章　农产品产地溯源技术概述

1.1　农产品产地溯源技术研究与应用进展

“特色食品”是一类与当地传统、地理位置密切相关，由一类特有的原材料制作而成的食品（Consonni and Cagliani，2010）。欧盟对地域名优特产品的认证有三种标签，即原产地保护产品（protected designation of origin，PDO）、地区名牌保证产品（protected geographical indication，PGI）和传统特色保证产品（traditional speciality guaranteed，TSG）（Todea et al.，2009）。我国《农产品地理标志管理办法》经2007年12月6日农业部第15次常务会议审议通过，2007年12月25日中华人民共和国农业部令第11号发布，自2008年2月1日起施行。

然而，经济全球化在为行业发展带来机遇的同时，也为不法商贩带来利益诱惑，有些非授权组织假冒地理标志产品，损害消费者及合法生产企业利益，扰乱市场秩序。因此，食品溯源技术是保护地区名牌、保护特色产品、防止欺诈、建立消费者信心的有效保证。

目前，农产品溯源主要研究供应链溯源（Liang et al.，2011；Thakur and Hurburgh，2009）、品种溯源与确证（Coisson et al.，2011；Ioannis et al.，2011；Marini et al.，2004）、污染物中有害微生物和重金属溯源（Morcia et al.，2013；Federica et al.，2010），以及产地溯源。用于产地溯源的技术有稳定同位素指纹溯源技术（Schmidt et al.，2005）、矿质元素指纹溯源技术（Latoorre et al.，2013；Gonzálvez et al.，2011；Feudo et al.，2010）、近红外指纹溯源技术（Zhao et al.，2014；Cozzolino，2014）、DNA指纹溯源技术（Prins et al.，2010）、核磁共振（NMR）技术（Lamanna et al.，2011）、电子鼻和电子舌分析技术（Rochfort et al.，2013；Kovács et al.，2010）等。其中，稳定同位素和矿质元素指纹溯源技术是追溯产品地域来源很有前景的方法，被统称为多元素指纹溯源技术。本章综述了多元素指纹溯源技术的基本原理、影响因素及应用现状，为该技术在农产品产地溯源中的应用及发展提供借鉴或参考。

1.1.1　稳定同位素指纹溯源技术研究与应用进展

近年来，稳定同位素指纹分析技术被广泛用于植物源和动物源农产品的产地溯源中。

植物源农产品中稳定同位素受气候、环境、代谢类型等因素的影响产生分馏作用，致使不同产地来源的农产品中同位素组成存在差异，成为判断植物源农产品产地较理想的指标。植物一般固定生长在一个地方，其产品中的同位素组成与其生长的地域和环境密切相关，分析一两种同位素即可获得较好的判别效果。目前，稳定同位素指纹分析技术在橄榄油、饮品、谷物等植源性食品的产地判别中应用较多。国际上，德国、意大利、西班牙等欧盟国家已初步建立了国内葡萄酒产地的氢和氧同位素溯源数据库（Rossmann，2001）。Dutra 等（2011）对巴西南部产地的葡萄酒进行了分析，结果表明，酒水中 δ^{18}O 值存在显著的区域差异，可以作为产地判定的主要参数。碳、氮、氢和氧同位素可用于鉴别橄榄油的产地（Camin et al.，2010）。锶同位素是判别果汁、咖啡产地来源的有效指标（Rodrigues et al.，2011；Rummel et al.，2010）。Weckerle 等（2002）分析了非洲、美洲和印度尼西亚等不同产地的阿拉比卡咖啡生豆中咖啡因同位素的组成，结果显示，δ^{18}O 值在–12‰～2‰，各区域之间差异性显著；典型判别分析显示，δ^{2}H 值和 δ^{18}O 值对产地判定交叉验证误差率仅为 7.7%。Suzuki 等（2008）分析了澳大利亚、日本和美国 14 个精米样品中 C、N 含量及 δ^{13}C 值、δ^{15}N 值、δ^{18}O 值，结果表明，C 和 N 含量及稳定同位素组成与相应植物中成分一致；通过 C、N 含量及 δ^{13}C 值、δ^{15}N 值、δ^{18}O 值可清楚地区分不同产地的精米样品，可以作为快速和常规的溯源工具。Branch 等（2003）分析了美国、加拿大和欧洲小麦样品中 δ^{13}C 值和 δ^{15}N 值，结果表明，δ^{13}C 值可以很好地判别不同产地的小麦样品。Schipilliti 等（2012）利用气相色谱-燃烧-同位素比率质谱仪测定柠檬精油中的稳定同位素组成，结果表明，同位素指纹可有效判别柠檬精油产地和识别真伪。Suzuki 等（2012）分析了中国苹果和日本当地苹果中碳和氧同位素组成，表明利用同位素指纹不但可以有效地区分中国和日本的苹果，而且也可以对日本国内不同产地的苹果进行正确判别。国内食品溯源研究起步较晚，同位素指纹主要是用于蜂蜜、果汁等食品的掺伪鉴别中。

动物源农产品中的同位素分馏效应同时受动物饲料组成及其自身代谢两方面的影响，并且动物饲料来源广泛，饲喂地也常发生变换。因此，动物组织中的同位素组成信息较为复杂，对地域判别存在一定困难，常采用多种同位素结合的方法进行分析。国际上对动物源农产品产地溯源研究主要集中于乳制品、牛肉和羊肉，在蜂蜜、猪肉、家禽和鱼肉产品中也有少量报道（Schellenberg et al.，2010；Tanaka et al.，2010）。

在乳制品产地溯源研究中，所选用的同位素指标因乳产品类型的不同而异。原料乳中常测定全乳、酪蛋白、乳清中的 δ^{13}C 值和 δ^{15}N 值，乳糖中的 δ^{13}C 值，及乳中水的 δ^{2}H 值和 δ^{18}O 值（Chesson et al.，2010；Camin et al.，2008）；奶油中常测定全奶油的 δ^{13}C 值，蛋白质中的 δ^{13}C 值、δ^{15}N 值和 δ^{34}S 值，奶油水中的 δ^{18}O 值（Rossmann et al.，2000）；奶酪中常测定蛋白质中的 δ^{13}C 值、δ^{15}N 值、δ^{2}H 值和 δ^{34}S 值，甘油中的 δ^{13}C 值和 δ^{18}O 值（Manca et al.，2006）。Camin 等（2004）

对产自法国、意大利和西班牙的奶酪中氢、碳、氧、氮、硫同位素进行了分析比较，结果表明，酪蛋白和奶酪甘油中 $\delta^{13}C$ 值与动物饲料中玉米的含量有较强的相关关系，奶酪甘油中 $\delta^{18}O$ 值则与产地气候和季节因素有关；利用判别分析对不同地区奶酪原产地判定的正确率在 90%以上。Bontempo 等（2008）研究发现牛奶和奶酪中氢、碳、氮和氧同位素组成与植被、地理和环境有密切关系，认为稳定同位素可以有效判别牛奶和奶酪的原产地。Rossmann 等（2000）研究了欧洲不同国家黄油中碳、氮、氧、硫、锶同位素的组成，结果显示，$\delta^{15}N$ 值和 $\delta^{34}S$ 值可作为产地溯源的指标。Crittenden 等（2007）分析了澳大利亚和新西兰 7 个牛奶主产区的脱脂牛奶和乳酪蛋白中的 $\delta^{13}C$ 值、$\delta^{15}N$ 值、$\delta^{18}O$ 值、$\delta^{34}S$ 值和 $\delta^{87}Sr$ 值，结果表明，澳大利亚牛奶中的 $\delta^{18}O$ 值和 $\delta^{34}S$ 值明显高于欧洲其他牛奶产区。Pillonel 等（2003）发现 $^{87}Sr/^{86}Sr$ 比值对区分欧洲 6 个不同地区奶酪的贡献最大。尽管乳产品不同组分中的同位素组成差异很大，但它们之间具有显著相关性，均可作为产地溯源的指标。

肉品溯源研究主要集中在探讨稳定同位素指纹鉴定牛肉、羊肉产地来源的可行性，筛选有效的溯源指标。国外研究表明，$\delta^{15}N$ 值、$\delta^{18}O$ 值、$\delta^{2}H$ 值、$\delta^{34}S$ 值和 $\delta^{87}Sr$ 值是直接表征地域来源的良好指标（Bong et al.，2010；Perini et al.，2009；Camin et al.，2007；Schwertl et al.，2005），而在饲料种类差异较大的区域，$\delta^{13}C$ 值也是一项有效的产地溯源指标（Smet et al.，2004）。Martinelli 等（2011）分析了来自 26 个国家的麦当劳牛肉汉堡中的 $\delta^{13}C$ 值和 $\delta^{15}N$ 值，发现低纬度国家样品中的 $\delta^{13}C$ 值显著高于高纬度国家的，表明汉堡即使是一种全球性的食品，也包含了一定的地域信息。Osorio 等（2011）利用碳、氮、氢、硫同位素有效地区分了来自欧洲国家和非欧洲国家的牛肉；此外，部分研究发现，肉粉、毛或骨中 $\delta^{2}H$ 值和 $\delta^{18}O$ 值与动物饮用水有关，与地域的关系更为密切，且相较于肌肉中水的 $\delta^{2}H$ 值和 $\delta^{18}O$ 值，不易受加工和储存条件的影响，因此对产地的判别可能更为有效。Heaton 等（2008）通过测定不同国家牛肉粗脂肪中的氢和氧同位素，发现 $\delta^{2}H$ 值、$\delta^{18}O$ 值与地域纬度显著相关，随纬度的增加而减小。Horacek 等（2010）研究发现，$\delta^{13}C$ 值和 $\delta^{2}H$ 值是区分不同地区牛肉的主要指标，其中 $\delta^{13}C$ 值反映出饲料中 C_3 和 C_4 植物的比例，而 $\delta^{2}H$ 值组成与饮用水有关，利用稳定同位素指纹分析技术可以成功鉴别美国、墨西哥、澳大利亚、新西兰和韩国牛肉。Bong 等（2012）利用碳和氧同位素区分韩国地区当地牛肉和进口牛肉的差异，研究发现，$\delta^{13}C$ 值可以成功区分当地和美国、新西兰等国家的牛肉产品，而 $\delta^{18}O$ 值可以更有效地区分澳大利亚牛肉。

国内在肉品产地溯源上也有研究报道。郭波莉（2007）系统分析了中国四大产区肉牛组织中碳、氮和氢同位素组成，初步证实了同位素对中国肉牛产地溯源的可行性。随后，通过控制饲料中 C_4 植物比例的牛模型试验，发现不同段位牛尾毛中 $\delta^{13}C$ 值随 C_4 植物比例的增加而增大，且不同段位牛尾毛中碳同位素不进行交换，由此推出牛尾毛的 $\delta^{13}C$ 值可作为追溯牛饲料信息及牛迁移路径的一项参考指标。孙丰梅（2009）研究发现，不同地域牛组织中的 $\delta^{13}C$ 值、$\delta^{15}N$ 值和 $\delta^{18}O$ 值差异显著（$p<0.05$），且牛脂肪中的 $\delta^{18}O$ 值与各地饮水中的 $\delta^{18}O$ 值高度相关。王慧文等（2008）发现鸡肉中的 $\delta^{13}C$ 值和 $\delta^{2}H$ 值分别与饲料中的 $\delta^{13}C$ 值和饮水中的 $\delta^{18}O$ 值高度相关，由此推断，根据鸡肉中的 $\delta^{13}C$ 值和 $\delta^{2}H$ 值可追溯肉鸡的饲料来源和产地。孙丰梅等（2008）利用稳定同位素比率质谱仪测定了来自北京、山东、湖南、广东 4 个省份鸡肉粗蛋白中 $\delta^{13}C$ 值、$\delta^{15}N$ 值、$\delta^{34}S$ 值、$\delta^{2}H$ 值和相应各地饮用水中的 $\delta^{18}O$ 值，多元方差分析结果表明，$\delta^{15}N$ 值、$\delta^{34}S$ 值、$\delta^{2}H$ 值在 4 个地区均有显著差异（$p<0.05$），对产地正确判别率为 100%。刘泽鑫等（2008）研究发现，陕西省不同县（区）牛尾毛中 $\delta^{13}C$ 值和 $\delta^{15}N$ 值存在差异，认为利用稳定同位素指纹分析技术对该省不同县（区）牛肉溯源是可行的。马东红等（2012）利用同位素比率质谱仪测定了广东、海南、广西和福建 4 个地区的罗非鱼组织（腹肉和背肉）中 $\delta^{2}H$ 值，分析结果表明，不同地域的罗非鱼组织中 $\delta^{2}H$ 值有显著差异（$p<0.05$），$\delta^{2}H$ 值随着地理纬度的增加而减小，对罗非鱼产地的正确判别率为 85%。孙淑敏（2012）通过随机采样及人为设计羊的迁徙饲喂模型试验，发现羊组织器官中碳、氮、氢同位素在地域和饲喂期间均有显著差异（$p<0.05$），并受地域的影响远大于饲喂期和饲喂期×地域交互作用的影响；不同组织器官中同位素的转化速率不同，肝脏、肺脏、心脏等内脏器官中碳、氮、氢同位素的转化速率快于肌肉和毛发。

通过上述分析可以发现，稳定同位素指纹分析技术用于农产品的产地鉴别是可行的，且判别效果较好。目前，国内外利用稳定同位素指纹分析技术鉴别农产品原产地的研究主要是通过从不同地域随机采样，探讨此技术对不同种类农产品产地溯源的可行性。对于同一种农产品，不同的研究者分析的同位素种类不同，判别效果也不尽相同。

1.1.2 矿质元素指纹溯源技术研究与应用进展

近年来，矿质元素指纹分析技术被广泛用于葡萄酒（Fabani et al.，2010；van der Linde et al.，2010；Gonzálvez et al.，2009）、蜂蜜（Batista et al.，2012；de Alda-Garcilope et al.，2012）、茶叶（李清光等，2011；Pilgrim et al.，2010；Moreda-Piñeiro et al.，2003）、果汁（García-Ruiz et al.，2007）、橄榄油（Benincasa et al.，2007）、南瓜籽油（Joebstl et al.，2010）、大米（Ariyama et al.，2012；Gonzálvez et al.，2011）、大蒜（Camargo et al.，2010；Smith，2005）、牛肉（Franke et al.，2008；Heaton et al.，2008；郭波莉等，2007a）、羊肉（Sun et al.，2011）、奶酪（Camin et al.，2012；Moreno-Rojas et al.，2010）、海参（Liu et al.，2012）、贻贝（Costas-Rodríguez et al.，2010）、大白菜（Bong et al.，2012）等产品的产地溯源之中。

Fabani 等（2010）在阿根廷 3 个葡萄酒主产区（科尔多瓦、拉里奥哈和圣胡安）采集了 2005 年生产的 31 个葡萄酒样品，利用原子吸收光谱仪测定了样品中 11 种元素（Mg、Ca、Fe、Mn、Zn、Cu、Cr、Co、Ni、K 和 Na）的含量。结合逐步判别分析，筛选出 K、Fe、Cr、Ca、Zn、Mg 和 Mn 用于建立产地判别模型。此判别模型对 3 个地区样品产地的正确判别率为 100%。van der Linde 等（2010）在南非西开普省的四大葡萄酒主产区（Robertson、Stellenbosch、Swartland 和 Walker Bay）共采集 67 份葡萄酒样品，利用电感耦合等离子体质谱仪（ICP-MS）测定了样品中 Li、B、Al、Sc、V、Cr、Mn、Co、Ni、Cu、Zn、Rb、Sr、Zr、Nb、Mo、Cd、Sn、Sb、Ba、Ce、Nd、W、Tl、Pb 和 U 等元素的含量。使用主成分分析（PCA），筛选出 Li、B、Sc、Mn、Co、Ni、Cu 和 Rb 作为溯源指标，利用这 8 种元素建立的判别模型对样品产地的整体正确判别率为 96%。Gonzálvez 等（2009）分别从西班牙的 Utiel-Requena、Yecla、Jumilla 和 Valencia 地区采集了 1999～2006 年的 67 份原产地保护产品红葡萄酒，利用电感耦合等离子体发射光谱仪（ICP-OES）测定了样品中 Al、Ba、Be、Ca、Cd、Ce、Co、Cr、Cu、Dy、Er、Eu、Fe、Gd、Ho、K、La、Li、Lu、Mg、Mn、Mo、Na、Nd、Ni、Pb、Pr、Sc、Se、Sm、Sr、Tb、Ti、Tm、V、Y、Yb 和 Zn 共 38 种元素的含量。分层聚类和 PCA 结果显示，Utiel-Requena 和 Jumilla 地区的 PDO 样品较易与邻近地区的 PDO 样品区分开，而不能区分来自 Valencia 地区的 PDO 样品。结合分类和回归树法，仅使用 Li 或 Mg 就可以鉴别 Utiel-Requena 和 Jumilla 地区 PDO 样品的真伪；结合逐步判别分析，这些元素对不同地区 PDO 样品的回代检验正确判别率为 100%。

Batista 等（2012）从巴西的不同城市采集了 57 个蜂蜜样品，利用电感耦合等离子体质谱仪测定了样品中 Al、Cu、Pb、Zn、Mn、Cd、Tl、Co、Ni、Rb、Ba、Be、Bi、U、V、Fe、Pt、Pd、Te、Hf、Mo、Sn、Sb、P、La、Mg、I、Sm、Tb、Dy、Sd、Th、Pr、Nd、Tm、Yb、Lu、Gd、Ho、Er、Ce 和 Cr 共 42 种元素的含量；结合多层感知器网络、支持向量机、随机森林等数据精炼技术鉴别不同产地的蜂蜜样品。结果发现，仅使用 5 种元素（Pb、Tl、Pt、Ho 和 Er）即可较好地鉴别不同产地的蜂蜜样品。de Alda-Garcilope 等（2012）利用火焰原子吸收光谱仪和火焰原子发射光谱仪测定了西班牙 PDO 蜂蜜样品中的 Ca、Mg、Fe、Cu、Zn、Na 和 K。结合聚类分析（CA），发现利用这些元素可以鉴别不同产地的蜂蜜样品；且仅使用 K、Na、Ca、Mg 和 Zn 即可鉴别 PDO 蜂蜜样品的真伪。

Pilgrim 等（2010）收集了来自中国、印度、斯里兰卡等亚洲国家共 103 份茶叶样品，利用 ICP-MS 测定了样品中 Ti、V、Cr、Co、Ni、Cu、Zn、Ga、Ge、As、Se、Rb、Sr、Y、Zr、Nb、Mo、Ag、Cd、In、Sn、Sb、Te、Cs、Ba、La、Ce、Pr、Nd、Sm、Eu、Gd、Tb、Dy、Ho、Er、Tm、Yb、Lu、Hf、Ta、W、Tl、Pb、Bi、Th 和 U 等元素的含量，利用同位素比率质谱测定了其中的 δ^{13}C 值、δ^{15}N

值和 δD 值。通过逐步判别分析，δD、δ^{13}C、Ti、Cr、Co、Ni、Cu、Ga、Rb、Sr、Y、Nb、Cd、Cs、Ba、La、Ce、Pr、Eu、Tl、Pb 和 Bi 被引入判别模型中，用这些变量建立的判别模型对各国样品的整体正确判别率为 97.6%。Moreda-Piñeiro 等（2003）为了区分亚洲和非洲的茶叶，利用电感耦合等离子体原子发射光谱仪（ICP-AES）和 ICP-MS 测定了 85 个样品中 17 种矿质元素（ICP-AES：Al、Ba、Ca、Fe、Mg、Mn、Sr、Zn；ICP-MS：Co、Cr、Cu、Cs、Ni、Pb、Rb、Ti、V）的含量。结合 PCA、CA、线性判别分析（LDA）、簇类独立软模式识别（SIMCA）对数据进行分析。结果显示，Cu、Cs、Rb、Mg、Mn、Sr、Ba 和 Pb 在非洲和亚洲样品间存在显著差异（$p<0.05$）；PCA 和 CA 结果中样品自然聚类，LDA 对非洲和亚洲茶的正确判别率分别为 100%和 94.4%，SIMCA 对非洲和亚洲茶的正确判别率分别为 100%和 91.7%。

Ariyama 等（2012）在日本、美国、中国和泰国共采集了 350 份大米样品，利用高分辨率电感耦合等离子体质谱测定了样品中 Al、Fe、Co、Ni、Cu、Rb、Sr 和 Ba 等元素的含量及 ^{87}Sr/^{86}Sr 比值、^{204}Pb/^{206}Pb 值、^{207}Pb/^{206}Pb 值和 ^{208}Pb/^{206}Pb 值。结合 PCA、LDA、SIMCA 和 k-邻近分类算法，样品产地的整体正确判别率为 97%。Gonzálvez 等（2011）从西班牙、日本、巴西和印度共采集了 107 份大米样品作为训练集，46 份样品作为验证集，利用 ICP-OES 测定了样品中 32 种元素（Al、As、Ba、Bi、Cd、Ca、Cr、Co、Cu、Fe、Pb、Li、Mg、Mn、Mo、Ni、K、Se、Na、Sr、Tl、Ti、Zn、La、Ce、Pr、Nd、Sm、Eu、Ho、Er 和 Yb）的含量，通过判别分析建立的判别模型对测试集样品产地的整体正确判别率为 91.3%。

Sun 等（2011）从中国的 5 个地区采集了 99 个羊肉样品，利用 ICP-MS 测定了 25 种元素（Be、Na、Mg、Al、K、Ca、V、Cr、Mn、Fe、Co、Ni、Cu、Zn、As、Se、Mo、Ag、Cd、Sb、Ba、Tl、Pb、Th 和 U）的含量，结合 PCA、CA 和 LDA 对不同产地的羊肉样品进行分类，使用逐步判别分析筛选出 12 种元素（Be、Cr、Mn、Fe、Cu、Zn、As、Sb、V、Ba、Ni 和 Na）建立的判别模型对 5 个地区样品交叉检验整体正确判别率为 88.9%。Costas-Rodríguez 等（2010）为了区分具有欧洲产地保护标识的加利西亚地区贻贝与其他地区贻贝，利用 ICP-MS 测定了来自 5 个地区 158 个养殖贻贝中 40 种矿质元素的含量，结合 LDA、SIMCA 和人工神经网络（ANN）来区分加利西亚地区与其他地区的贻贝。结果显示，所有的元素含量在不同地区间均存在显著差异（$p<0.05$）；LDA 筛选出 Ag、As、Ba、Cd、Co、Cr、Er、Ho、La、Mn、Mo、Pb、Sb、Se、Te、Th、U 和 V 作为判别变量区分加利西亚地区与非加利西亚地区的贻贝，正确判别率和预测率均为 100%；对 5 个不同地区的整体正确判别率和预测率分别为 99.4%和 94.3%；使用 As、Ba、Ce、Co、Eu、Er、Ga、Ho、Mn、Mo、Nb、Pb、Pr、Rb、Sb、Se、Te、U、V、Y 和 Zn 21 种元素进行 SIMCA 分析，对加利西亚地区和非加利西亚地区的整体正确判别率和

预测率分别为 95.9%和 100%，对 5 个地区的整体正确判别率和预测率分别为 98.0%和 67.8%；利用 ANN 分析的正确判别率和预测率均为 100%。

通过上述分析可以发现，结合化学计量学方法，矿质元素指纹分析技术用于农产品的产地鉴别是可行的，且判别效果较好。利用矿质元素指纹技术分析农产品原产地时，需要对多个元素进行综合分析，才能得出比较可靠的结论，单个元素对地域的正确判别只是个别现象。目前，国内外利用矿质元素指纹分析技术鉴别农产品原产地的研究，主要是通过从不同地域随机采样，探讨此技术对农产品产地溯源的可行性。用于被分析的元素种类在仪器允许测定的范围内，多数研究都尽可能检测较多的元素种类，并未对元素所包含的信息进行筛选。对于同一种农产品，不同的研究者分析的元素种类不同，筛选出的溯源指纹信息不同，判别效果也不尽相同。

上述分析发现，不同地域的农产品中矿质元素含量有其各自的特征，利用矿质元素指纹分析技术鉴别农产品的产地在科学上具有可行性。然而，研究发现农产品中的矿质元素组成和含量不仅与地域因素密切相关，某些元素还受基因型和年际因素的影响（Laurie et al.，2012；蔡先峰，2011；张仕祥等，2010；Raigón et al.，2008；Husted et al.，2004；Lynch and Clair，2004）。这里地域因素和年际因素均属于环境因素。地域因素又包括土壤、降水量、温度、日照时间等因素。其中，土壤包括表层土壤和母质土壤，表层土壤易受栽培措施的影响（Borůvka et al.，2005）。

1.2　溯源指纹信息形成机理的研究现状

1.2.1　地域对农产品溯源指纹信息形成的贡献

1. 对农产品稳定同位素指纹信息的影响

Camin 等（2010）测定了来自欧洲 8 个不同地区 267 份橄榄油和 314 份地表水样品中的碳、氢、氧同位素，分析结果表明，橄榄油中 δ^{13}C 值、δ^{2}H 值、δ^{18}O 值及水中 δ^{2}H 值、δ^{18}O 值与气候（主要是温度）和地域（纬度和与海洋的距离）特征相关。Schellenberg 等（2010）分析了欧洲 20 个不同地区 516 个蜂蜜样品中氢、碳、氮、硫同位素的组成，证实 δ^{2}H 值随着与海洋距离的增加、纬度的升高和海拔的增加而降低，δ^{13}C 值同样受气候的影响；而 S 则反映出植物产地土壤的地质学特征，N 受到植物原产地土壤性质、环境、施肥等因素的影响。Rummel 等（2010）测定了产自北美洲、南美洲、非洲和欧洲 150 份橙汁中的 δ^{2}H 值、δ^{13}C 值、δ^{15}N 值、δ^{34}S 值和 ^{87}Sr/^{86}Sr 比值，结果表明，同位素的组成与地形、气候和岩石等差异特征有显著关系，不同产地的橙汁产品同位素组成有明显差异；另外，研究发现阿根廷由于广泛施用有机肥使得其生产的橙汁中 δ^{15}N值显著高于施用合成肥料（化肥）的意大利和希腊地区产品。Rodrigues 等（2009）发现不同原产地咖啡生豆中 δ^{18}O 值、δ^{15}N 值、δ^{13}C 值及 C 与 N 组成存在差异，与不同地域纬度和降水量有关，可以用于原产地判定。Brescia 等（2002）分析了意大利、加拿大、土耳其、澳大利亚产的硬质粗面粉中的同位素组成，发现 δ^{13}C 值、δ^{15}N 值、δ^{18}O 值与原产地有明显的相关关系。常丹（2009）测定了河北省和山东省苹果中碳、氮同位素的组成，得出两地的平均 δ^{13}C 值、δ^{15}N 值分别为–26.937‰、–3.871‰和–26.046‰、2.186‰；碳同位素与光和碳代谢途径有关，并且受外界环境因子的影响；氮同位素组成取决于地理和气候条件，并与农业施肥有关。Li 等（2011）利用稳定碳同位素技术分析了辽宁五味子果实 δ^{13}C 值与环境因子之间的关系，结果表明，δ^{13}C 值随纬度的升高略有升高。

Camin 等（2007）利用稳定同位素技术研究发现，欧洲不同地区羊肉粗蛋白样品中同位素组成存在显著差异。Nakashita 等（2008）利用稳定同位素质谱法分析了日本、美国、澳大利亚牛肉样品，应用 δ^{13}C 值、δ^{15}N 值、δ^{18}O 值有效地区分了不同国家及日本不同地区的牛肉来源，其中美国脱脂牛肉中 δ^{13}C 值（–13.6‰～–11.1‰）高于日本（–19.6‰～–17.0‰）和澳大利亚（–23.6‰～–18.7‰）；而澳大利亚牛肉粗蛋白中 δ^{18}O 值（15.0‰～19.4‰）高于日本（7.3‰～13.6‰）和美国（9.5‰～11.7‰）；脱脂牛肉中 δ^{18}O 值与饮水中 δ^{18}O 值高度正相关，具有纬度效应。刘晓玲等（2012）研究发现，不同产地的牛尾毛中碳、氮、氢同位素指纹差异及地域差异范围取决于饲料组成、地域海拔和纬度的差异程度。Crittenden 等（2007）采集了澳大利亚不同地区以牧草养殖为主的牛奶样品，分析了 ^{13}C/^{12}C 值、^{15}N/^{14}N 值、^{18}O/^{16}O 值、^{34}S/^{32}S 值和 ^{87}Sr/^{86}Sr 比值，发现不同来源牛奶中同位素指纹差异明显，其中 ^{18}O/^{16}O 值和 ^{13}C/^{12}C 值与纬度和气候具有显著相关性。Heaton 等（2008）测定了欧洲、美洲和澳大利亚、新西兰牛肉中同位素 δ^{2}H 值、δ^{13}C 值、δ^{15}N 值、δ^{18}O 值，分析结果表明，以 C_4 植物饲料喂养为主的美国和巴西牛肉与以 C_3 牧草喂养的英国牛肉 δ^{13}C 值有明显差异，δ^{13}C 值可以作为鉴别有机牛肉的一项指示；不同来源牛肉粗脂肪中 δ^{2}H 值和 δ^{18}O 值均与纬度呈现显著的负相关性，且氢和氧同位素组成与全球雨水线相吻合。Podio 等（2013）随机采集了阿根廷三个省的小麦籽粒及对应的水和土壤，分析了水和土壤中 ^{87}Sr/^{86}Sr 比值对小麦籽粒中 ^{87}Sr/^{86}Sr 比值的贡献。结果表明，小麦籽粒中 ^{87}Sr/^{86}Sr 比值在三个省份变化趋势与地下水、土壤中 ^{87}Sr/^{86}Sr 比值变化趋势一致。

2. 对农产品矿质元素指纹信息的影响

Škrbić 和 Onjia（2007）从塞尔维亚所有小麦种植区采集了 2002 年的 431 份小麦籽粒样品，利用原子吸收光谱仪测定了样品中 Fe、Mn、Zn、Cu、Pb、As、Cd 和 Hg 的含量。结果发现，Fe、Pb、Hg、Cd、Mn 和 Zn 在不同产地小麦籽粒中含量差异显著；而 Cu 和 As 含量在不同产地样品中分布较一致。Husted 等（2004）在丹麦 3 种典型的不同肥力的农作土壤（沙土、壤沙土、沙壤土）上种植了 3 个不同基因型的春大麦，利用 ICP-MS 测定了样品中 B、Ba、Ca、Cu、Fe、K、Mg、Mn、Na、P、S、Sr 和 Zn 的含量；不考虑不同肥力的土壤和不同栽培措施引起的大麦中元素指纹的差异，仅考虑基因型是否可以形成独特的元素指纹。分析结果显示，不同基因型的大麦中各种元素含量没有显著差异；表明土壤、气候或栽培措施对大麦中元素含量的影响较大，仅考虑基因型的影响不能形成独特的元素指纹。Nikkarinen 和 Mertanen（2004）分别于 2001 年和 2002 年 8 月将蘑菇菌根种植在芬兰两个不同的地质背景区，共得到 19 个蘑菇样品，并采集了表层土壤（土层深度 0～20cm）和母质土壤（土层深度 20～60cm）样品，分别利用 ICP-MS 和 ICP-AES 测定蘑菇和土壤样品中 25 种元素（Ag、As、B、Ba、Be、Cd、Co、Cr、Cu、Mo、Ni、Pb、Rb、Se、Sr、V、Zn、Ca、Fe、K、Mg、Mn、Na、P 和 S）的含量。结果发现，自然地质和地球化学影响食用菌中痕量元素的含量。Almeida 和 Vasconcelos（2003）采集了葡萄牙两个葡萄园中的葡萄和土壤样品，并利用采集的葡萄制作葡萄酒，用 ICP-MS 测定了葡萄酒和土壤样品中的 Al、Ba、Be、Ca、Cd、Co、Cr、Cs、Cu、Fe、Ga、Li、Mn、Nb、Ni、Pb、Rb、Sr、Th、Tl、U、V、Zn、Zr、La、Ce、Pr、Nd、Sm、Eu、Gd、Tb、Dy、Ho、Er、Tm、Yb 和 Lu 等元素的含量，结合 Pearson's 相关分析，结果发现，排除元素 Al、Fe 和 Ca 后，葡萄酒中元素含量与土壤样品中总元素含量存在极显著相关（r=0.994，n=19，p<0.01）。Suzuki 和 Iwao（1982）从美国得克萨斯州休斯敦采集了 51 对大米及其产地的土壤样品，利用原子吸收光谱仪检测了样品中 Cd、Cu 和 Zn 的含量，研究发现，大米样品中 Cd、Cu 和 Zn 的含量与土壤样品中相应元素的含量没有特定的关系。

通过上述分析发现，地域因素影响农产品中的矿质元素含量，但对每种元素的影响力与元素种类密切相关。

1.2.2　基因型对农产品溯源指纹信息形成的贡献

1. 对农产品稳定同位素指纹信息形成的贡献

Wu 等（2012）提取了茶叶中的咖啡因，利用气相色谱-燃烧-同位素比率质谱仪测定其中的 δ^{13}C 值，成功区分了不同的茶叶品种。孙丰梅（2009）研究发现品种因素不影响牛组织中的碳、氮同位素组成。Gómez-Alonso 与 García-Romero（2010）连续两年在同一葡萄园对 8 个品种葡萄树进行灌溉和非灌溉两种处理，葡萄采摘后对未发酵葡萄汁中的 δ^{18}O 值进行测定，发现单一年际无论是灌溉还是非灌溉处理，不同品种葡萄汁间 δ^{18}O 值均有显著差异（p<0.05）。Araus 等（2013）在同一实验地点连续 3 年测定 10 个小麦品种的碳、氧、氮同位素，发现 δ^{13}C 值、

δ^{18}O 值、δ^{15}N 值在不同品种间有显著差异。张森燊（2017）比较了同一地域不同品种（宁杞 1 号、宁杞 7 号）的 δ^{13}C 值、δ^{15}N 值、δ^{2}H 值和 δ^{18}O 值组成特征，发现 δ^{15}N 值、δ^{2}H 值在不同品种间无显著差异，δ^{13}C 值、δ^{18}O 值在不同品种间差异显著。

2. 对农产品矿质元素指纹信息形成的贡献

Arivalagan 等（2012）于 2010 年 6 月将 25 个茄子品种种植在印度新德里的试验田中，由田间试验得到茄子样品，分析不同基因型样品间 K、Mn、Cu、Fe 和 Zn 含量的差异。结果显示，不同基因型间这 5 种元素的含量差异显著。Belane 和 Dakora（2011）分析了 27 个豇豆品种的食用叶和籽粒中 P、K、Ca、Mg、S、Fe、Zn、Mn、Cu 和 B 的含量，结果表明，不同品种样品间元素含量差异显著。Zhao 等（2009）将 26 个小麦品种种植在 6 个不同的环境中（地点或年份），利用 ICP-AES 和 ICP-MS 测定了小麦样品中 Fe、Zn 和 Se 的含量，分析由基因型决定的小麦籽粒中元素含量的差异。结果显示，不同品种小麦籽粒中 Fe、Zn 浓度存在极显著差异（$p<0.01$）；而 Se 浓度受土壤中 Se 含量影响较大，在不同品种间差异不显著。Jamali 等（2008）连续两年将 5 个高粱品种种植在同一块添加了未经处理的工业废水污泥的试验田中，利用火焰原子吸收光谱法/电热原子吸收光谱法检测了籽粒样品中 As、Ca、Cd、Co、Cr、Cu、Fe、K、Mg、Mn、Na、Ni、Pb 和 Zn 的含量，结果发现，不同品种高粱籽粒中 14 种元素含量均存在显著差异（$p<0.05$）。张勇等（2007）将 240 个小麦品种和高代品系于 1997～1998 年种植在中国农业科学院作物科学研究所农场试验田上，收获后利用 ICP-OES 分析籽粒样品中 Fe、Zn、Mn、Cu、Ca、Mg、K、P、S 等元素的含量。结果显示，不同品种小麦样品中矿质元素含量均存在明显差异。Lyons 等（2005）收集了澳大利亚和墨西哥的小麦品种，将其种植在相同的条件下，分析不同基因型间 Se 含量的变异，研究结果表明，Se 含量在现代商业面包小麦、杜伦麦、黑小麦和大麦不同基因型间无显著差异；小麦籽粒中 Se 的含量主要取决于土壤中的有效 Se 含量。Özdemir 等（2001）分析了土耳其 5 个杂交榛子品种中 Fe、Cu、Mn、K、Zn、Na、Mg 和 Ca 的含量，方差分析结果显示，不同品种间这 8 种元素含量差异显著。马奕颜（2014）通过比较不同地域（四川省、陕西省）同一基因型（红阳）猕猴桃之间的矿质元素含量差异，结果发现，两个地区样品中 Na、Mn、Ni、Cu、Mo 和 La 的含量存在显著差异（$p<0.05$），其余元素含量无显著差异。而对同一地域（陕西省）不同基因型猕猴桃（秦美、红阳）的矿质元素含量的比较结果显示，除 Na、V、Fe、Zn 和 Ce 外，其余元素含量均无显著差异。

通过上述分析发现，基因型影响农产品中的矿质元素含量，对每种元素的影响程度与元素的种类有关。目前研究基因型对农产品中元素含量影响的相关报道中，不同研究者研究的元素种类不尽相同。

1.2.3　年际对农产品溯源指纹信息形成的贡献

1. 对农产品稳定同位素指纹信息形成的贡献

在实际生产和畜牧养殖中，受不同季节温度、降水等气候变化的影响，不同时期家畜动物的饲喂模式可能会发生改变，且全球降水中氢、氧同位素组成具有明显的季节性特征，通过饲料、饮水等介质，这些差异会在农产品中反映出来，致使同一地域农产品中稳定同位素组成存在季节性变化。Boner 和 Förstel（2004）通过分析来自德国不同农场 1999～2001 年连续两年的有机牛肉样品中碳、氮、氢、氧、硫同位素组成的变化，发现牛肉中的 $^{2}H/^{1}H$ 值和 $^{18}O/^{16}O$ 值有明显的季节性变化趋势。Bahar 等（2008）通过连续一年的监测取样研究了爱尔兰有机牛肉和传统牛肉中碳、氮、硫同位素组成的季节性变化规律，结果发现，传统牛肉中 $\delta^{13}C$ 值变化有明显规律，而有机牛肉中 $\delta^{13}C$ 值整体变化较小；传统牛肉中 $\delta^{15}N$ 值在整年中基本保持不变，而有机牛肉中 $\delta^{15}N$ 值变化较大；两种类型牛肉中的硫同位素组成呈现出复杂的季节性变化模式。可见，在产地溯源中季节性的变化可能会掩盖地域间同位素组成的差异，影响地域判别效果。

2. 对农产品矿质元素指纹信息形成的贡献

Parcerisa 等（1995）连续 3 年从两个地点采集了 4 个品种的 24 份榛子样品，分析了样品中的 Mn、Fe 和 Cu 的含量，发现 Cu 含量在不同年际间存在显著差异。Liu 等（2017）通过连续 3 年 3 个地域 10 个品种的田间试验，发现 Pb 仅受到年际的显著影响。其他元素（Mg、Al、Ca、Mn、Fe、Cu、Zn、As、Sr、Mo、Cd 和 Ba）分别受到年际与其他因素交互作用的显著影响。张森燊（2017）比较了不同年际中宁枸杞样品中的 9 种矿质元素含量，发现中宁枸杞中的 Ca、Cu、Mn、Mo、Co 含量在两个年际间无显著差异，而 Mg、Fe、As、Gd 含量在两个年际间存在显著差异。

1.2.4　地域、基因型、年际及其交互作用对农产品溯源指纹信息形成的贡献

1. 对农产品稳定同位素指纹信息形成的贡献

Magdas 等（2012）分析了罗马尼亚不同葡萄品种及不同年份酿造的葡萄酒中碳和氧同位素组成，发现所有样品中 $\delta^{13}C$ 值差异不大，而 $\delta^{18}O$ 值在不同气候带中差异明显；结果还显示，不同年份生产的葡萄酒中 $\delta^{18}O$ 值存在差异，可能是由年平均温度的差异造成。Araus 等（2013）通过对不同基因型不同年际小麦稳定同位素的分析，发现 $\delta^{18}O$ 值受到基因型、年际及其交互作用的极显著影响

（$p<0.01$）。依据前人利用碳同位素分辨率（$\Delta^{13}C$ 值）在不同基因型间的差异作为水分利用效率和作物产量的衡量指标，Rajabi 等（2009）设计试验分析了基因型（G）、水分处理（T）、年际（Y）及其交互作用（G×T、G×Y、T×Y、G×T×Y）对甜菜叶和甜菜浆中的$\Delta^{13}C$ 值的影响，发现甜菜叶中的$\Delta^{13}C$ 值受到 G×Y 的显著影响，而甜菜浆中$\Delta^{13}C$ 值未受到 G×Y 的显著影响。

2. 对农产品矿质元素指纹信息形成的贡献

鲁璐等（2010）将 62 个小麦品种（品系）种植在同一个地点，将 5 个小麦品种分别种植在 3 个地点。利用 ICP-AES 和原子发射荧光光谱测定小麦籽粒中的 Zn、Fe、Se 含量。发现不同小麦品种（品系）及姊妹系之间微量元素含量存在差异；不同地点土壤环境中种植的小麦中微量元素含量也有差异；小麦中的 Zn、Fe 含量与土壤中的 Zn、Fe 含量呈显著正相关（$r_{Zn}=0.686$，$n_{Zn}=62$，$p_{Zn}<0.05$；$r_{Fe}=0.648$，$n_{Fe}=62$，$p_{Fe}<0.05$）。结果表明，小麦中微量元素含量的差异主要由品种自身因素和地区差异决定。Ariyama 等（2006）分别将同一个品种的洋葱种植在 7 个不同的地点，12 个不同品种的洋葱种植在同一块试验田中。利用 ICP-AES（Na、Mg、P、K、Ca、Mn、Fe、Zn、Sr 和 Ba）和 ICP-MS（Li、Al、Co、Ni、Cu、Rb、Y、Mo、Cd、Cs、La、Ce、Nd、Gd、W 和 Tl）共检测了样品中 26 种元素的含量，分析地域和品种对洋葱中矿质元素含量的影响。方差分析结果显示，Li、Na、Mg、P、Co、Ni、Cu、Zn、Rb、Mo、Cd、Cs、Ba 和 Tl 含量在不同地点间存在极显著差异（$p<0.01$）；Na、Mg、P、K、Fe、Co、Cu、Mo、Ba 和 Tl 含量在不同品种间存在极显著差异（$p<0.01$）；Li、Ca、Sr、Cs 和 La 含量在不同品种间存在显著差异（$p<0.05$）。聚类分析结果显示，来自相同产地不同品种的样品聚为一类，表明产地间元素含量的差异大于品种间的差异。Peterson 等（1986）于 1980 年将来自 14 个国家的 27 个小麦品种种植在 6 个地区，利用能量发散型 X 射线荧光光谱仪测定了籽粒样品中 Mg、P、S、Cl、K、Ca、Mn、Fe、Cu、Zn 的含量，分析了地域、基因型及其交互作用对样品中矿质元素含量的影响，结果显示，地域、基因型及其交互作用均对小麦籽粒中矿质元素的含量影响极显著（$p<0.01$）；地域对 S、Cl、K、Ca、Mn、Fe、Cu、Zn 含量的影响大于基因型的影响，对 Mg、P 含量的影响比基因型的影响小；基因型对 S、Cl、Fe、Cu 含量的影响大于地域与基因型交互作用的影响，对 Mg、P、Ca、Mn、Zn 的影响小于地域与基因型交互作用的影响；基因型及地域与基因型交互作用对 K 含量的影响相等。Parcerisa 等（1995）连续 3 年从两个地点采集了 4 个品种的 24 份榛子样品，分析了样品中的 Mn、Fe 和 Cu 的含量，方差分析结果显示，元素 Mn 和 Cu 含量在不同地域间存在显著差异；3 种元素含量在品种间差异均不显著。Suwarto 和 Nasrullah（2011）分别于雨季和干旱期将 10 个水稻品种种植在印度尼西亚爪哇中部的 4 个地域，分

析环境、基因型及其交互作用对大米籽粒中 Fe 含量的影响，方差分析结果显示，环境、基因型及其交互作用对大米籽粒中 Fe 含量均有显著影响；环境因素解释了总变异的 74.42%，基因型及其交互作用对含量变异的贡献率分别为 5.60% 和 19.67%。Joshi 等（2010）为了研究基因型与环境的交互作用对小麦籽粒中 Zn 和 Fe 的影响，连续 3 年将不同的小麦品种种植在 14 个地点，结果发现，环境对小麦籽粒中的 Zn 和 Fe 含量具有极显著影响（$p<0.01$）；而基因型及环境与基因型交互作用对 Zn 和 Fe 含量影响不显著。张仕祥等（2010）在中国主要烟草种植区域采集了 2004 年、2005 年、2007 年和 2008 年共 696 个不同品种烤烟 C3F 等级样品，用火焰原子吸收分光光度法测定了样品中 Mn、Fe、Cu、Zn、Ca 和 Mg 的含量，以明确中国不同年份、品种和种植区域烤烟间的差异，结果显示，烤烟烟叶中元素含量年际间变化较大，且元素含量受种植品种和种植区域等因素的影响；烤烟元素含量分布具有明显的地域性。Oury 等（2006）为了研究地域、基因型和年际对小麦籽粒中 Mg、Zn、Fe 含量的影响，以及土壤中此 3 种有效元素的含量与籽粒中元素含量的相关性，进行了 3 个田间试验，试验 1 是将 51 个品种于 2002 年种植在 3 个地点；试验 2 是将 6 个品种于 2002 年种植在 4 个地点，以研究土壤与小麦籽粒元素含量间的关系；试验 3 是将 11 个品种在同一个地点连续种植 3 年，以分析年际对元素含量变异的影响。研究结果显示，地域对 Mg、Zn、Fe 含量影响极显著（$p<0.001$）；基因型对 Mg 含量影响极显著（$p<0.001$），对 Zn 含量影响显著（$p<0.05$），对 Fe 含量影响不显著；年际对 Mg 含量有显著影响（$p<0.05$），对 Zn 含量影响不显著，对 Fe 含量有极显著影响（$p<0.01$）；土壤中有效 Mg 和有效 Zn 的含量与籽粒中相应元素的含量密切相关，但 Mg 的相关性大于 Zn；土壤中有效 Fe 的含量与小麦籽粒中 Fe 的含量无相关关系。

通过上述分析发现，农产品稳定同位素和矿质元素指纹信息的形成不仅与地域因素有关，某些元素指纹还受基因型、年际等因素的影响，是环境和基因型共同作用的结果。目前，以产地溯源为目的，综合分析地域、年际、基因型及其交互作用对农产品稳定同位素组成和矿质元素的影响，解析各因素对同位素组成变异贡献率的研究尚未见报道。

1.3　存在的问题及研究切入点

稳定同位素和矿质元素指纹分析技术结合化学计量学方法鉴别农产品产地具有科学可行性，其研究思路和方法已基本形成。农产品多元素指纹信息的形成是环境（地域、年际）和基因型共同作用的结果。今后在结合化学计量学方法筛选用于建立判别模型的指纹信息时，需要考虑基因型对溯源指纹信息的影响，以及溯源指纹信息在年际间的稳定性。

第 2 章　多元素指纹对谷物产地溯源的可行性及有效性

前人已从不同国家采集小麦样品，初步分析了稳定同位素指纹和矿质元素指纹对小麦产地溯源的可行性。Branch 等（2003）收集了来自美国、加拿大和欧洲的 20 个小麦（*Triticum aestivum*）籽粒样品，利用电感耦合等离子体质谱（ICP-MS）及碳、氮同位素质谱仪测定了面粉样品中 Cd 和 Se 的含量，以及 δ^{13}C 值、δ^{15}N 值、^{208}Pb/^{206}Pb值、^{207}Pb/^{206}Pb值和 ^{87}Sr/^{86}Sr 比值。判别分析结果表明，这些指标对样品产地的正确判别率为 100%。Brescia 等（2002）从意大利、土耳其、加拿大和澳大利亚共采集了 35 个杜伦麦（*Triticum durum*）样品，利用稳定同位素比率质谱仪测定了面粉样品中的 δ^{13}C 值、δ^{15}N 值、δ^{18}O 值。结果表明，利用 δ^{13}C 值、δ^{15}N 值、δ^{18}O 值可以鉴别不同产地的杜伦麦样品。Luo 等（2015b）收集来自不同国家的 35 份小麦样品，测定样品中的碳、氮同位素组成，发现不同国家及同一国家不同省份（中国江苏省与山东省）之间样品存在显著差异（$p<0.05$），能够有效区分。本章以小麦为谷物的典型代表作物，重点分析中国不同地域小麦样品中稳定同位素和矿质元素组成的差异特征，进一步验证利用多元素指纹分析技术对小麦产地溯源的可行性及有效性。

2.1　稳定同位素指纹对谷物产地溯源的可行性及有效性

2.1.1　材料与方法

1. 主要仪器及试剂

本试验所用仪器与试剂的主要信息见表 2-1 和表 2-2。

2. 试验材料

于 2010～2014 年小麦适宜播种期将 10 个小麦品种（邯 6172、衡 5229、衡观 35、西农 889、西农 979、小偃 22、新麦 18、郑麦 366、周麦 16、周麦 18）分别种植在河北省石家庄市赵县、河南省新乡市辉县和陕西省杨凌区（简称杨凌）3 个试验点。在每个试验点，10 个参试品种完全随机排列，小区面积 10.00m^2（8.00m×1.25m）。播量参考当地小麦品种区域试验中肥组的播量要求。播期参考当地气温，适时早播种。试验田按当地小麦品种区域试验的管理办法管理。必要时，试验田可中耕除草，防病灭虫。如防病灭虫，记录用药名称、浓度、次数、生产厂家，保留药品标签，以备查。试验田采取有效的保护措施，防止人、鼠、畜、禽等危害。试验参照《国家小麦品种区域试验记载标准》，统一使用国家小麦品种区域试验记载本记载。收获时注明收获日期、各小区实收面积，及其他需说明的特殊情况（孙世贤，2001）。试验所用 10 个品种的详细信息见表 2-3。

表 2-1　主要仪器和设备

仪器名称	型号	生产厂家
电热恒温鼓风干燥箱	DHG-9140A	上海一恒科学仪器有限公司
旋风磨	Cyclotec 1093	丹麦 Foss Tecator 公司
1/10 000g 天平	BSA224S-CW	赛多利斯科学仪器（北京）有限公司
1/1 000g 天平	BSA323S-CW	赛多利斯科学仪器（北京）有限公司
超纯水机	Milli-Q	美国 Millipore 公司
稳定同位素质谱仪	IsoPrime100	英国 Isoprime 公司
行星式球磨仪	QM-3SP2	南京南大仪器有限公司
电感耦合等离子体质谱	7700a	美国 Agilent 公司
热电离质谱	Isoprobe	英国 GV Instrument 公司
元素分析仪	vario PYRO cube	德国 Elementar 公司

表 2-2　主要试剂

试剂	级别/编号	生产厂家
浓硝酸	BV-III 级	北京化学试剂研究所
氢氟酸	BV-III 级	北京化学试剂研究所
过氧化氢	分析纯	国药集团化学试剂有限公司
硝酸铵	分析纯	国药集团化学试剂有限公司
锶特效树脂	50～100μm	美国 Eichrom 公司
稳定碳、氮同位素标准物质	IAEA-600	国际原子能机构
稳定氢同位素标准物质	IAEA-CH-7	国际原子能机构
稳定碳、氮同位素标准物质	苯甲酸	北京嘉德元素科技有限公司
稳定氢同位素标准物质	乙酰苯胺	北京嘉德元素科技有限公司
小麦生物成分标准物质	GBW10011	国家标准物质研究中心
土壤生物成分标准物质	GBW07446	国家标准物质研究中心
锶同位素标准物质	NBS981	美国国家标准与技术研究院（National Institute of Standards and Technology，NIST）

表 2-3 试验品种信息表

品种	来源	育种单位	审定编号	适宜种植区域
邯 6172	4032/中引 1 号	河北省邯郸市农业科学院	国审麦 2003036	适宜在黄淮冬麦区南片的安徽省北部、河南省中北部、江苏省北部、陕西省关中地区高中水肥地旱茬麦田种植，还适宜在黄淮冬麦区北片的河北省中南部、山西省中南部和山东省中上等肥水地种植
衡 5229	冀 5418/衡 5041	河北省农林科学院旱作农业研究所	国审麦 2004014	适宜在黄淮冬麦区北片的河北省中南部、山东省、河南省北部种植
衡观 35	84 观 749/衡 87-4263	河北省农林科学院旱作农业研究所	国审麦 2006010	适宜在黄淮冬麦区南片的河南省中北部、安徽省北部、江苏省北部、陕西省关中地区、山东省菏泽地区的高中产水肥地旱中茬种植
西农 889	E 旱-4/（小偃 6 号/小偃 83352）F1	西北农林科技大学	陕审麦 2005001 豫引麦 2006005	适宜陕西省关中新老灌区和同类生态区，河南省沙河以北及南阳盆地强筋麦区种植
西农 979	西农 2611//918/95 选 1	西北农林科技大学	国审麦 2005005	适宜在黄淮南片麦区的河南省中北部、安徽省北部、江苏省北部、陕西省关中地区和山东省西南部高中产水肥地种植
小偃 22	（小偃 6 号/775-1）/小偃 107	西北农林科技大学	国审麦 2003034	适宜在江苏省北部、安徽省北部及陕西省关中地区中高水肥地旱中茬种植
新麦 18	（C6/新乡 3577）F3d1s//新麦 9 号	河南省新乡市农业科学研究所	国审麦 2004005	适宜在黄淮冬麦区南片的河南省、安徽省北部、江苏省北部及陕西省关中地区高中产水肥地旱中茬种植
郑麦 366	豫麦 47/PH82-2-2	河南省农业科学院小麦研究中心	国审麦 2005003	适宜在黄淮冬麦区南片的河南省中北部、安徽省北部、陕西省关中地区、山东省菏泽中高产水肥地旱中茬种植
周麦 16	周 9/周 8425B	河南省周口市农业科学研究所	国审麦 2003029	适宜在黄淮冬麦区南片的河南省中北部、安徽省北部、江苏省北部、陕西省关中地区高水肥地旱茬麦田种植
周麦 18	内乡 185/周麦 9 号	河南省周口市农业科学研究所	国审麦 2005006	适宜在河南省全省及黄淮流域旱中茬、高中肥地种植，也适合旱地、沙地种植

3. 试验方法

（1）采样方法

收获期在每个试验点每个小区随机选择 3 个点作为重复，每点收割 $1m^2$，每年 3 个试验站共采集小麦样品 90 份。

各试验站地理位置、气候类型、土壤类型及前茬作物见表 2-4，小麦生长期及种植期内气象信息见表 2-5。

表 2-4　各试验站地理位置、土壤类型、气候类型及前茬作物

地域	北纬（°）	东经（°）	海拔（m）	气候类型	土壤类型	前茬
赵县	37.83	114.82	39	温带季风性气候	壤土	玉米
辉县	35.39	113.83	82	温带季风性气候	黏土	玉米
杨凌	34.29	108.06	513	温带大陆性气候	棕壤土	大豆

表 2-5　各试验站小麦生长期及种植期内气象信息

地域	生长期（年.月.日）	总降水量（mm）	平均温度（℃）	日照时间（h）
辉县	2010.10.05～2011.06.14	65.0	9.8	2747.0
	2011.10.06～2012.06.14	131.1	7.9	2624.0
	2012.10.03～2013.06.18	147.7	10.5	1309.2
	2013.10.10～2014.06.08	205.4	11.6	1284.3
	2014.11.05～2015.06.09	221.2	11.5	1387.0
杨凌	2010.10.14～2011.06.09	88.6	9.4	2620.0
	2011.10.22～2012.06.05	97.5	7.6	2745.0
	2012.10.06～2013.06.05	255.2	10.6	1417.3
	2013.10.04～2014.06.12	338.1	10.3	1248.8
	2014.10.03～2015.06.09	338.3	10.4	1102.8
赵县	2010.10.23～2011.06.06	44.9	7.8	2926.0
	2011.10.17～2012.06.09	72.2	7.6	2928.0
	2012.10.03～2013.06.02	228.3	8.4	1494.1
	2013.10.03～2014.06.11	95.5	10.2	1456.1
	2014.10.03～2015.06.12	136.4	10.2	1686.6

注：2010/2011 年度及 2011/2012 年度气象数据源自赵海燕（2013），2012/2013～2014/2015 年度数据来自中国气象局

（2）样品前处理

将收获后小麦进行晾晒，手工脱粒，然后将小麦籽粒运往实验室进行前处理。挑出小麦籽粒内石子、杂草等杂物，用去离子水反复冲洗干净，38℃烘箱内约 24h 烘干至恒重。烘干样品用植物粉碎机粉碎，过 100 目筛，得到全麦粉样品。

为了分离小麦样品中的 Sr，需首先对样品进行消解。准确称取 0.25g 小麦粉放入 Teflon 消解管中，加入 6ml 67%的浓硝酸（BV-III 级，北京化学试剂研究所）反应 2h，再加入 2ml 过氧化氢（BV-III 级，北京化学试剂研究所），微波消解仪（CEM 微波消解仪，USA）进行消解，消解程序见表 2-6。

表 2-6 小麦粉样品中 Sr 微波消解程序

阶段	最大功率（W）	升温时间（min）	保持温度（℃）	保持时间（min）
1	1600	8	120	2
2	1600	5	160	5
3	1600	5	180	15

Sr 分离　选用锶特效树脂 SR Resin-B（50～100μm）。因样品基体不同，需首先对不同样品（小麦、土壤、水）进行 Rb-Sr 分离效果检验，分离去除对锶同位素测定造成干扰的 Rb，使 Sr 回收率达到 98%～102%，以提高样品测量精度。

经前期实验表明，以下条件可以满足小麦籽粒及土壤样品锶同位素的分离。

第一步，平衡树脂。8mol/L HNO_3 溶液，1ml×5（次）。

第二步，样品转移。8mol/L HNO_3 溶液，1ml×5（次）。

第三步，淋洗。8mol/L HNO_3 溶液，2ml×4（次）。

第四步，洗脱。8mol/L HNO_3 溶液，2ml×4（次）。

（3）样品测定

1）稳定碳、氮同位素的测定

称取 5mg 样品放入锡箔杯中，通过自动进样器进入元素分析仪，经过燃烧与还原转化为纯净的 CO_2 和 N_2 气体，CO_2 再经过稀释器稀释，最后进入稳定同位素质谱仪进行检测。具体的工作参数如下。

元素分析仪条件：燃烧炉温度为 1020℃，还原炉温度为 600℃，载气 He 流量为 230ml/min。

质谱仪条件：分析过程中，每 12 个样品穿插一个实验室标样进行校正，IAEA-600［$\delta^{13}C_{PDB}$=（−27.771±0.043）‰，$\delta^{15}N_{air}$=（1.0±0.2）‰］对测定结果进行校正。

稳定同位素比率（δ）计算公式如下

$$\delta（‰）=（R_{样品}/R_{标准}-1）\times 1000‰$$

式中，R 为重同位素与轻同位素丰度比，即 $^{13}C/^{12}C$ 值和 $^{15}N/^{14}N$ 值，$\delta^{13}C$ 值的相对标准为 V-PDB，$\delta^{15}N$ 值的相对标准是空气中 N_2。

测定时，$\delta^{13}C$ 值和 $\delta^{15}N$ 值的连续测定精度<0.2‰。

2）稳定氢同位素的测定

称取 1～1.50mg 样品装入银杯（6mm×4mm），折成小球，平衡 72h，并按顺序放入 120 位自动进样器，利用自动进样器将样品送入元素分析仪，高温裂解生成 CO 和 H_2，最后进入稳定同位素质谱仪进行检测。具体的工作参数如下。

样品裂解温度为 1450℃，He 载气流速为 120ml/min。

质谱仪条件：分析过程中，每 12 个样品穿插一个实验室标样进行校正，IAEA-CH-7［$\delta^2H_{V\text{-}SMOW}$=（–100.3±2）‰］对测定结果进行校正。

稳定同位素比率计算公式如下

$$\delta（‰）=（R_{样品}/R_{标准}-1）\times 1000‰$$

式中，R 为重同位素与轻同位素丰度比，即 $^2H/^1H$ 值，δ^2H 值的相对标准是维也纳标准平均海水（V-SMOW）。

测定时，δ^2H 值的连续测定精度<1.0‰。

3）稳定锶同位素比值的测定

采用静态多采集模式，用法拉第杯轴向 H1、H2、H3、H4 和 H5 分别测定同位素 $\delta^{84}Sr$ 值、$\delta^{85}Rb$ 值、$\delta^{86}Sr$ 值、$\delta^{87}Sr$ 值和 $\delta^{88}Sr$ 值。通过控制发射和蒸发灯丝的加热程序能够检查质量 85 处的信号，进而识别 Rb 是否“燃烧”完全。通过指数定律（$^{86}Sr/^{88}Sr$ 比值= 0.1194）校正潜在质量分歧。NIST SRM 987 标准的长期重复测量的 $^{87}Sr/^{86}Sr$ 比值为 0.710 20±0.000 02（2σ，n = 47）。

2.1.2　结果与分析

1. 小麦籽粒轻质稳定同位素组成的差异分析

不同地域小麦籽粒中稳定同位素 $\delta^{13}C$ 值、$\delta^{15}N$ 值、δ^2H 值见表 2-7。对不同地域小麦同位素 $\delta^{13}C$ 值、$\delta^{15}N$ 值、δ^2H 值进行单因素方差分析（Duncan 多重比较分析），结果表明，$\delta^{13}C$ 值、$\delta^{15}N$ 值在赵县和辉县样品间差异不显著，而赵县、辉县样品和杨凌样品间 $\delta^{13}C$ 值、$\delta^{15}N$ 值存在显著差异（p<0.05）；δ^2H 值在不同地域之间均有显著差异（p<0.05）。不同地域小麦样品中同位素比值有其各自的特征。赵县样品的 δ^2H 值最低；辉县样品的 $\delta^{15}N$ 值最高；杨凌样品的 $\delta^{15}N$ 值最低，$\delta^{13}C$ 值、δ^2H 值均最高。这说明 3 个地域样品中 C、N、H 稳定同位素组成存在差异。

表 2-7　不同地域小麦籽粒轻质稳定同位素组成

同位素	辉县	杨凌	赵县
$\delta^{13}C$ 值	–27.98±0.41 b	–26.66±0.92 a	–28.06±0.53 b
$\delta^{15}N$ 值	0.76±1.48 a	–3.00±1.51 b	0.40±1.15 a
δ^2H 值	–66.05±6.17 b	–60.46±8.25 a	–70.99±7.05 c

注：表格中的数值用平均值±标准偏差表示；同一行不同小写字母表示差异显著（p<0.05），本章下同

2. 小麦籽粒 Sr 同位素组成的差异分析

不同地域小麦籽粒中 $^{87}Sr/^{86}Sr$ 比值见表 2-8。对不同地域小麦同位素 $^{87}Sr/^{86}Sr$

比值进行单因素方差分析（Duncan 多重比较分析），结果表明，$^{87}Sr/^{86}Sr$ 比值 3 个地域之间存在显著差异（p<0.05）。其中赵县小麦籽粒 $^{87}Sr/^{86}Sr$ 比值最高，辉县小麦籽粒中 $^{87}Sr/^{86}Sr$ 比值最低。

表 2-8　不同地域小麦籽粒稳定锶同位素值

同位素	辉县	杨凌	赵县
$^{87}Sr/^{86}Sr$ 比值	0.7110±0.0004 c	0.7114±0.0004 b	0.7122±0.0003 a

3. 不同地域小麦稳定同位素的判别分析

由不同地域小麦样品稳定同位素的方差分析结果可知，利用稳定同位素指纹分析技术判别小麦产地是可行的。为了进一步了解轻质和重质稳定同位素指标对小麦产地的判别结果，对在不同地域间有显著差异的元素进行判别分析（表 2-9）。由判别分析结果可知，单独使用轻质同位素（$\delta^{13}C$ 值、$\delta^{15}N$ 值、$\delta^{2}H$ 值）对小麦籽粒产地的正确判别率为 77.8%，结合重质同位素 $^{87}Sr/^{86}Sr$ 比值可将产地判别率提高至 98.1%，判别效果较为理想。说明这 4 种同位素携带足够的信息，可鉴别小麦样品的产地，

表 2-9　稳定同位素对不同地域小麦籽粒样品的判别分析

同位素	判别方法	判别数目及比例	预测组成员			
			辉县	杨凌	赵县	总数
$\delta^{13}C$ 值、$\delta^{15}N$ 值、$\delta^{2}H$ 值	原始判别	数目	12	0	6	18
			0	18	0	18
			6	0	12	18
		比例（%）	66.7	100	66.7	77.8
	交叉验证	数目	11	0	7	18
			0	18	0	18
			8	0	10	18
		比例（%）	61.1	100	55.6	72.2
$\delta^{13}C$ 值、$\delta^{15}N$ 值、$\delta^{2}H$ 值和 $^{87}Sr/^{86}Sr$ 比值	原始判别	数目	17	0	1	18
			0	18	0	18
			0	0	18	18
		比例（%）	94.4	100	100	98.1
	交叉验证	数目	17	0	1	18
			0	18	0	18
			0	0	18	18
		比例（%）	94.4	100	100	98.1

可用于小麦籽粒的产地溯源。通过判别分析得到的两个判别函数解释了 100%的变异，其中函数 1 主要包含 $\delta^{13}C$ 值、$\delta^{15}N$ 值、$\delta^{2}H$ 值 3 个指标，解释了总变异的 91.2%；函数 2 主要包含 $^{87}Sr/^{86}Sr$ 比值这一指标，解释了总变异的 8.8%。利用 $\delta^{13}C$ 值、$\delta^{15}N$ 值、$\delta^{2}H$ 值和 $^{87}Sr/^{86}Sr$ 比值建立的 Fisher 判别模型如下

$$Y_{辉县}=-483.613\,\delta^{13}C+963.773\,\delta^{15}N+41.966\,\delta^{2}H+5\,811\,719.383\,^{87}Sr/^{86}Sr-2\,071\,532.754$$

$$Y_{杨凌}=-472.221\,\delta^{13}C+950.698\,\delta^{15}N+41.054\,\delta^{2}H+5\,808\,999.672\,^{87}Sr/^{86}Sr-2\,069\,367.163$$

$$Y_{赵县}=-484.896\,\delta^{13}C+967.576\,\delta^{15}N+42.177\,\delta^{2}H+5\,822\,399.960\,^{87}Sr/^{86}Sr-2\,079\,156.536$$

2.1.3　讨论

小麦作为 C_3 植物，其叶片碳同位素组成主要受大气 CO_2 的 $\delta^{13}C$ 值、叶片内外 CO_2 分压比的影响（Farquhar et al.，1982）。大气 CO_2 的碳同位素值有随纬度升高而增大的趋势（Vaughn et al.，2009），而本研究中纬度最低的杨凌小麦体内碳同位素最高，因此其变异来源主要是叶片内外 CO_2 分压比。小麦碳同位素表现为随海拔升高而增大的趋势，该结果与前人的研究结果（Hobson et al.，2003；Korner et al.，1988）一致，然而，海拔对植物 $\delta^{13}C$ 值的影响是多种环境因素综合作用的结果。海拔的变化引起降水量、光照、温度、大气压等环境因素的变化，从而改变叶片形态、生理特性及光合气体交换，最终影响植物 $\delta^{13}C$ 值的大小。其中，碳同位素有随湿度的降低而增加，随光照的增强而增大的趋势（王国安，2001），但以上趋势均未在本研究中显现，可能由于 3 个地点降水量、湿度和光照强度的变化太小，不足以引起碳同位素变化。因此，本研究中海拔升高主要引起 CO_2 浓度和大气压的降低，导致小麦体内碳同位素的增加。

比较不同地域小麦及化肥中氮同位素组成发现，氮同位素在不同地域间的差异主要受栽培措施的影响，且受肥料影响较大。化肥的种类不同，氮同位素值不同（Bateman and Kelly，2007；Vitoria et al.，2004）。辉县复合肥的氮同位素值显著高于杨凌和赵县施用的尿素和磷酸二铵；即使同一种化肥，生产厂家不同，也具有不同的氮同位素值（Bateman et al.，2005）。杨凌地区小麦施用的尿素和磷酸二铵中氮同位素值均低于赵县小麦施用的这两类化肥的氮同位素值。此外，在一定氮浓度内，有机肥氮输入越多，植物体内的氮同位素值越高；无机肥氮输入越多，植物体内的氮同位素值越低（Bateman et al.，2005）。Lim 等（2007）研究了不同氮肥处理对盆栽大白菜和菊花中氮同位素值的影响，发

现未施肥的白菜和菊花中氮同位素值均显著高于施用尿素的。本研究 3 个试验地点中杨凌施无机肥量最高，$\delta^{15}N$ 值却最低，可能无机肥的施用是导致当地小麦体内氮同位素更为贫化的原因之一。

根据小麦籽粒 $\delta^{2}H$ 值的分析结果，杨凌地区小麦的 $\delta^{2}H$ 值在每年 3 个地区中最高。$\delta^{2}H$ 值的差异可以通过小麦生长的地理位置和环境条件来解释。$\delta^{2}H$ 值从低纬度到高纬度（纬度效应），从低海拔到高海拔（高度效应）和从海岸到内陆（海岸效应）呈现递减趋势（Anderson，2011；Araguas-Araguas et al.，2000）。本研究来自 3 个地区的脱脂小麦样品中的 $\delta^{2}H$ 值随着纬度的增加而减小（杨凌>辉县>赵县），表现出一定的纬度效应，即在更高纬度生长的农产品具有较低的 $\delta^{2}H$ 值。与此同时，在中国牛肉和罗非鱼的前期研究报道中也发现了一致的结果（Ma et al.，2012；郭波莉等，2009）。此外，前人研究表明，$\delta^{2}H$ 值与气候因素中的降水呈负相关，与温度呈正相关（Anderson，2011；Spangenberg et al.，2007；Martin and Martin，2003）。因此，地理位置和气候条件共同影响 3 个产地小麦籽粒 $\delta^{2}H$ 值指纹的变化。另外，由于 $\delta^{2}H$ 值与降水和温度密切相关，二者在不同季节、年际之间产生波动，导致不同年际小麦样品中 $\delta^{2}H$ 值略有不同。

不同地域小麦籽粒 Sr 同位素在地域之间存在显著差异，可能是不同地域间地质背景和土壤类型的不同造成的。辉县、杨凌、赵县 3 个产地的地质类型分别为下-中更新统、第四纪上更新统和全新统，土壤类型分别为黏土、棕壤土和壤土。具体原因将在第 4 章讨论。

2.1.4 小结

轻质同位素（$\delta^{13}C$ 值、$\delta^{15}N$ 值、$\delta^{2}H$ 值）对小麦籽粒产地的正确判别率为 77.8%，结合重质同位素 $^{87}Sr/^{86}Sr$ 比值判别率提高至 98.1%，利用轻质与 Sr 同位素指纹的互补特征，提高了小麦产地判别效果，可以识别具有相似气候或相似地质背景来源的农产品，增强了稳定同位素用于农产品产地溯源的有效性。

2.2 矿质元素指纹对谷物产地溯源的可行性及有效性

2.2.1 材料与方法

1. 仪器与试剂

本试验所用仪器与试剂的主要信息见表 2-10 和表 2-11。

表 2-10　主要仪器名称及相关信息

仪器名称	型号	生产厂家
电热恒温鼓风干燥箱	DHG-9140A	上海一恒科学仪器有限公司
旋风磨	Cyclotec 1093	丹麦 Foss Tecator 公司
超纯水机	Milli-Q	美国 Millipore 公司
微波消解仪	Mars 240/50	美国 CEM 公司
精确控温电热消解器	DV4000	北京安南科技有限公司
通风橱	SFH 系列	北京森雷普实验室设备有限公司
ICP-MS	7500a	美国 Agilent 公司

表 2-11　主要试剂名称及相关信息

试剂名称	级别/编号	生产厂家
浓硝酸（65%）	分析纯	北京化学试剂研究所
盐酸（37%）	分析纯	北京化学试剂研究所
去离子水	>18.2 MΩ·cm	中国农业科学院农产品加工研究所
环境标样	Part #5183-4688	美国 Agilent 公司
内标	Part #5183-4680	美国 Agilent 公司
小麦标准物质	GBW10011	国家标准物质研究中心

2. 试验材料

从河北省、河南省、山东省和陕西省采集 2007/2008 年度和 2008/2009 年度小麦籽粒样品。每个省选 3 个小麦主产市，每个市选主产县，每个县选主产乡（镇）。每个乡（镇）选在该乡（镇）内种植面积最大的主栽品种。两年选择相同的地点采集样品，每年每个省采集 30 个样品，两年共采集 240 个籽粒样品。样品采集信息见表 2-12。

3. 试验方法

（1）采样方法

选代表性农户，于收获期从其田间收获小麦籽粒中取 5kg，编号，作为一个样品。从样品中取 100g 作为分析样本。

（2）样品预处理方法

挑出样品中的石子、杂草等杂质，然后用去离子水冲洗干净，放入 38℃的烘箱中干燥 10小时，使其水分含量在 13%以下。用旋风磨磨制，得到小麦全粉。

表 2-12 小麦样品来源、品种及生长期平均温度、总降水量信息表

地域	市	品种（样本数）		生长期平均温度（℃）		生长期总降水量（mm）	
		2007/2008 年度	2008/2009 年度	2007/2008 年度	2008/2009 年度	2007/2008 年度	2008/2009 年度
河北省	衡水、沧州、石家庄	石新 828（3）、观 35（3）、石麦 15（3）、邯 7086（3）、石麦 14（3）、石家庄 8 号（2）、科农 199（2）、石麦 12（2）、良星 99（1）、78-1（1）、济麦 22（1）、石麦 10（1）、乐 639（1）、冀师 02-1（1）、石 4185（1）、藁 9415（1）、石新 733（1）	观 35（8）、石麦 14（5）、邯 7086（5）、石麦 15（3）、石麦 12（2）、石新 828（2）、济麦 22（1）、石家庄 8 号（1）、衡 5229（1）、石新 733（1）、邯 6172（1）	9.8	10.5	26.8	21.3
河南省	新乡、鹤壁、安阳	矮抗 58（5）、周麦 18（5）、周麦 16（4）、新麦 19（3）、新麦 18（2）、西农 979（1）、平安 1 号（1）、温麦 49-198（1）、豫农 015（1）、郑麦 9023（1）、赵科 88（1）、豫麦 44（1）、邯 3475（1）、邯 4589（1）、兰考 18（1）、豫麦 18（1）	矮抗 58（6）、周麦 16（6）、西农 979（4）、新麦 18（2）、丰舞 981（2）、郑麦 366（1）、驻麦 4 号（1）、周麦 22（1）、新麦 19（1）、济麦 4 号（1）、平安 6 号（1）、兰考矮早 8（1）、衡观 35（1）、周麦 18（1）、豫麦 44（1）	10.9	11.8	20.6	18.2
山东省	济宁、泰安、聊城	济宁 16 号（6）、潍麦 8 号（6）、济麦 22 号（5）、淄麦 12 号（4）、泰山 9818（3）、汶农 6 号（2）、泰麦 1 号（2）、良星 99 号（1）、济麦 21 号（1）	济麦 22 号（11）、济宁 16 号（6）、良星 99 号（5）、泰山 9818（4）、泰山 23 号（2）、泰麦 1 号（1）、临麦 4 号（1）	10.1	10.7	23.9	22.5
陕西省	渭南、咸阳、宝鸡	小偃 22（16）、西农 889（4）、西农 88（3）、小偃 22-3（3）、西农 979（2）、武农 148（1）、晋麦 47（1）	小偃 22（24）、西农 889（2）、小偃 22-3（2）、西农 979（1）、757（1）	10.2	10.9	25.3	30.4

（3）样品消解

称取 0.1g 全麦粉，置于消化管中，加入 8ml 65%的硝酸和 3ml 37%的盐酸，放入微波消解仪中消解。微波在 5min 内从 0W 增至 1600W，温度升至 120℃，保持 3min；在 6min 内从 120℃升至 180℃，保持 10min；在 5min 内从 180℃升至 240℃，并在此温度下消解 40min；然后降温冷却 20min。

消解完成后，将消解管从微波消解仪中取出。在通风橱内旋开塞子，将微波消解管置于精确控温电热消解器中进行赶酸。用去离子水洗出样品，定容到 50ml。

采用相同的消解方法消解小麦标准物质（GBW10011）。

（4）元素含量测定

用 ICP-MS 测定 2007/2008 年度样品中 Be、Na、Mg、Al、K、Ca、V、Cr、Mn、Fe、Co、Ni、Cu、Zn、Se、Mo、Cd、Sb、Ba、Pb、Th 和 U 22 种元素的含量；2008/2009 年度样品中 Li、Be、Na、Mg、Al、K、Ca、Sc、Ti、V、Cr、Mn、Fe、Co、Ni、Cu、Zn、Ga、Rb、Ge、Se、Sr、Y、Zr、Nb、Mo、Cd、In、Sn、Sb、Te、Cs、Ba、La、Ce、Pr、Nd、Sm、Eu、Gd、Tb、Dy、Ho、Er、Tm、Yb、Lu、Hf、Ta、W、Re、Tl、Pb、Bi、Th 和 U 共 56 种元素的含量。

ICP-MS 的工作参数：射频功率为 1200W；雾化室温度为 2℃；载气和蠕动泵流速分别为 1.12L/min 和 0.5ml/min；氧化物和双电荷指标分别为 0.45%和 1.01%。

试验过程中每个样品重复测定 3 次，用外标法进行定量分析，标准样品采用环境标样（Part #5183-4688）。用内标法保证仪器的稳定性，Rh 是所选择的内标，当内标元素的相对标准偏差>3%，重新测定样品。

采用相同的方法测定小麦标准物质（GBW10011）中的元素含量。标准物质中各种元素的回收率均大于 90%。

（5）数据分析

用 SPSS 18.0 软件对数据进行方差分析（Duncan 多重比较分析）、主成分分析和判别分析（逐步判别分析）。

2.2.2　结果与分析

1. 小麦样品中矿质元素含量的差异分析

对于 2007/2008 年度小麦样品，检测的所有样品中的 22 种元素的含量均高于仪器检测限；对于 2008/2009 年度小麦样品，Nb、In、Te、Pr、Sm、Eu、Gd、Tb、Dy、Ho、Er、Tm、Yb、Lu、Hf、Ta、Re、Tl 和 Bi 19 种元素在 2/3 样品中的含量均低于检测限，不予分析。

两年不同地域小麦样品中矿质元素含量见表 2-13 和表 2-14。对不同地域小麦样品中矿质元素含量进行方差分析。结果显示，2007/2008 年度小麦样品中 Na、Mg、Al、Ca、V、Cr、Mn、Fe、Co、Ni、Cu、Zn、Mo、Sb、Ba、Pb 和 U 的含量在不同地域间存在显著差异（$p<0.05$），Be、K、Se、Cd 和 Th 的含量在地域间差异不显著；2008/2009 年度小麦样品中 Li、Be、Na、Mg、Al、K、Ca、Sc、Ti、V、Cr、Mn、Fe、Co、Ni、Cu、Zn、Ga、Ge、Se、Sr、Y、Zr、Mo、Cd、Sn、Cs、Ba、La、Ce、Nd、Pb、Th 和 U 的含量在不同地域间存在显著差异（$p<0.05$），元素 Rb、Sb 和 W 的含量在地域间差异不显著。

表 2-13　不同地域 2007/2008 年度小麦矿质元素含量　（单位：μg/g）

元素	河北省	河南省	山东省	陕西省
Be	0.002±0.003 a	0.001±0.002 a	0.003±0.007 a	0.003±0.003 a
Na	32.2±11.6 a	29.3±8.6 a	33.9±10.8 a	47.8±16.6 b
Mg	1629±120 bc	1496±118 a	1557±145 ab	1692±225 c
Al	9.15±4.26 a	11.2±8.4 a	10.1±7.9 a	17.2±8.8 b
K	4233±327 a	4238±404 a	4260±359 a	4311±601 a
Ca	482±68 a	541±89 b	646±88 c	676±107 c
V	2.69±1.18 c	1.95±0.88 b	2.06±1.17 b	1.09±1.40 a
Cr	1.30±3.41 a	10.2±11.6 c	6.36±8.06 b	0.455±2.307 a
Mn	41.2±5.3 a	37.4±6.6 a	45.9±8.9 b	61.3±10.7 c
Fe	52.3±11.1 a	48.7±9.6 a	53.6±21.8 a	79.1±28.9 b
Co	0.306±0.834 a	0.060 ± 0.197 a	0.001±0.008 a	1.56±2.11 b
Ni	1.99±4.56 a	0.734±0.892 a	9.26±22.70 b	3.93±4.68 ab
Cu	5.51±0.86 b	4.77±0.61 a	4.85±0.87 a	6.32±0.99 c
Zn	22.1±5.7 b	19.6±3.7 a	17.6±2.4 a	23.0±6.2 b
Se	0.236±0.374 a	0.241±0.236 a	0.183±0.197 a	0.307±1.343 a
Mo	0.865±0.304 b	0.527±0.201 a	0.449±0.253 a	0.747±0.495 b
Cd	0.038±0.016 a	0.055±0.067 a	0.040±0.041 a	0.035±0.026 a
Sb	1.10±2.95 a	0.141±0.536 a	0.029±0.158 a	7.44±9.99 b
Ba	3.19±1.10 a	3.44±1.38 a	7.73±1.94 b	3.06±0.86 a
Pb	0.077±0.052 a	0.105±0.078 a	0.077±0.035 a	0.273±0.524 b
Th	0.021±0.079 a	0.007±0.012 a	0.018±0.058 a	0.028±0.103 a
U	0.003±0.004 ab	0.001±0.002 a	0.005±0.010 b	0.005±0.005 b

表 2-14　不同地域 2008/2009 年度小麦矿质元素含量　　　（单位：μg/g）

元素	河北省	河南省	山东省	陕西省
Li	0.041±0.015 b	0.052±0.021 c	0.028±0.009 a	0.076±0.025 d
Be	0.125±0.034 b	0.138±0.039 b	0.086±0.023 a	0.135±0.057 b
Na	19.7±8.5 b	14.6±2.5 a	15.2±2.3 a	16.2±3.1 a
Mg	1103±105 b	1006±109 a	1053±59 ab	1067±93 b
Al	1.7±1.5 a	4.3±4.5 b	0.9±1.1 a	7.6±7.0 c
K	2920±323 a	3156±274 b	3102±207 b	3380±333 c
Ca	312±36 a	324±39 ab	319±55 ab	341±41 b
Sc	2.21±1.16 c	1.90±0.85 c	0.460±0.211 a	1.11±0.69 b
Ti	9.09±1.06 a	10.8±1.4 b	12.7±1.2 c	17.2±2.5 d
V	1.31±0.40 b	1.01±0.35 a	1.06±0.58 ab	1.24±0.64 ab
Cr	19.0±10.0 c	21.1±9.0 c	4.89±1.93 a	8.79±6.17 b
Mn	46.5±6.7 b	40.7±5.6 a	43.0±7.5 ab	53.2±7.9 c
Fe	32.2±5.3 b	32.2±10.9 b	27.7±4.3 a	38.5±6.7 c
Co	0.026±0.007 b	0.012±0.009 a	0.024±0.007 b	0.034±0.008 c
Ni	0.372±0.302 a	0.259±0.160 a	1.89±5.02 ab	2.95±4.75 b
Cu	5.59±1.03 b	4.85±0.98 a	4.79±0.53 a	5.40±0.66 b
Zn	27.7±4.5 b	29.6±6.4 b	23.9±2.8 a	28.7±4.9 b
Ga	0.040±0.005 a	0.039±0.011 a	0.096±0.020 b	0.136±0.026 c
Ge	0.292±0.063 c	0.227±0.062 a	0.241±0.080 ab	0.270±0.074 bc
Sc	1.30±0.96 b	1.61±2.15 b	0.082±0.064 a	0.105±0.019 a
Rb	6.25±2.49 a	6.01±2.59 a	6.07±1.64 a	6.38±2.02 a
Sr	7.32±1.20 b	4.54±1.10 a	7.22±1.15 b	7.38±1.89 b
Y	0.002±0.001 a	0.002±0.001 a	0.002±0.001 a	0.005±0.003 b
Zr	0.007±0.002 a	0.011±0.011 b	0.008±0.002 ab	0.017±0.007 c
Mo	0.94±0.45 b	0.52±0.19 a	0.62±0.22 a	0.54±0.19 a
Cd	0.026±0.010 a	0.038±0.037 b	0.017±0.009 a	0.019±0.006 a
Sn	0.117±0.016 a	0.133±0.038 b	0.178±0.041 c	0.129±0.015 ab
Sb	0.004±0.006 a	0.013±0.053 a	0.002±0.001 a	0.003±0.001 a
Cs	0.014±0.008 ab	0.012±0.008 a	0.012±0.003 a	0.017±0.005 b
Ba	3.42±1.33 a	3.10±1.20 a	4.56±1.35 b	3.43±0.97 a
La	0.003±0.002 a	0.004±0.003 a	0.003±0.001 a	0.010±0.008 b
Ce	0.005±0.003 a	0.008±0.005 a	0.006±0.002 a	0.019±0.015 b
Nd	0.002±0.001 a	0.004±0.003 b	0.003±0.001 ab	0.008±0.005 c
W	0.208±0.280 a	0.127±0.079 a	0.358±1.232 a	0.549±1.302 a
Pb	0.023±0.025 ab	0.042±0.021 b	0.017±0.020 a	0.067±0.072 c
Th	0.005±0.002 c	0.006±0.003 c	0.001±0.001 a	0.003±0.002 b
U	0.004±0.008 b	0.001±0.001 a	0.001±0.001 a	0.002±0.001 a

由多重比较分析结果可知，不同地域小麦样品矿质元素含量有其各自的特征。对于 2007/2008 年度小麦样品，河北省样品的 Al、K 和 Ca 平均含量最低，V 和 Mo 平均含量最高；河南省样品的 Be、Na、Mg、Mn、Fe、Ni、Cu、Th 和 U 平均含量最低，Cr 和 Cd 平均含量最高；山东省样品的 Co、Zn、Se、Mo 和 Sb 平均含量最低，Ba 和 Ni 平均含量最高；陕西省样品的 Na、Mg、Al、K、Ca、Mn、Fe、Co、Cu、Zn、Se、Sb、Pb 和 Th 平均含量高于其他地区，V、Cr、Cd 和 Ba 平均含量最低。对于 2008/2009 年度小麦样品，河北省样品的 K、Ca、Ti、Zr、Sn、Ce 和 Nd 平均含量最低，Na、Mg、Sc、V、Cu、Ge、Mo 和 U 平均含量最高；河南省样品的 Na、Mg、V、Mn、Co、Ni、Ga、Ge、Rb、Sr、Mo、Ba 和 W 平均含量最低，Be、Cr、Zn、Se、Cd、Sb 和 Th 平均含量最高；山东省样品的 Li、Be、Al、Sc、Cr、Fe、Cu、Zn、Se、Cd、Sb、Pb 和 Th 平均含量最低，Sn 和 Ba 平均含量最高；陕西省样品的 Li、Al、K、Ca、Ti、Mn、Fe、Co、Ni、Ga、Rb、Sr、Y、Zr、Cs、La、Ce、Nd、W 和 Pb 平均含量高于其他地区。

从表 2-13 和表 2-14 中还可看出，一些元素的标准偏差偏大，说明这些元素的含量在同省不同地区内差异也较大。对两年同省不同地区样品中元素含量进行方差分析。结果表明，对于 2007/2008 年度小麦样品，Be、Mg、K、Co、Se、Sb 和 U 7 种元素的平均含量在河北省的 3 个地区内有显著差异（$p<0.05$）；Be、K、Ca、V、Mn、Mo、Cd、Ba 和 U 9 种元素的含量在河南省的 3 个地区内有显著差异（$p<0.05$）；Be、Na、Mg、K、Cr、Mn、Zn、Mo、Cd、Ba、Pb、Th 和 U 13 种元素的含量在山东省的 3 个地区内有显著差异（$p<0.05$）；Be、Na、Mg、K、V、Mn、Co、Cu、Zn、Mo、Sb、Ba 和 U 13 种元素的含量在陕西省的 3 个地区内有显著差异（$p<0.05$）。对于 2008/2009 年度小麦样品，Mg、K、Ca、Ti、Cr、Mn、Fe、Co、Cu、Ga、Ge、Mo、Cd、Cs 和 Th 15 种元素的含量在河北省的 3 个地区内有显著差异（$p<0.05$）；Li、Be、Mg、Ti、Co、Cu、Ga、Se、Mo 和 Cd 10 种元素的含量在河南省的 3 个地区内有显著差异（$p<0.05$）；Li、Be、Na、Mg、Ca、Mn、Fe、Co、Cu、Ga、Rb、Sr、Y、Mo、Cd、Cs、Ba、Pb 和 Th 19 种元素的含量在山东省的 3 个地区内有显著差异；Na、Mg、Sc、Ti、V、Cr、Mn、Fe、Co、Cu、Ga、Sr 和 Mo 13 种元素的含量在陕西省的 3 个地区内有显著差异（$p<0.05$）。此结果说明，小麦产地有效的矿质元素溯源指标与样品的地域来源、溯源范围密切相关。

对两年共同测定的小麦 Be、Na、Mg、Al、K、Ca、V、Cr、Mn、Fe、Co、Ni、Cu、Zn、Se、Mo、Cd、Sb、Ba、Pb、Th 和 U 22 种元素的含量在不同年际间进行方差分析。结果显示，除 Mn、Cu、Mo 和 U 平均含量在年际间无显著差异外，其他 18 种元素均有显著差异（$p<0.05$）。说明小麦产地有效的矿质元素溯源指纹信息与样品收获的年际也密切相关。然而，一些元素在不同年际同一地域来源样品中含量特征是相同的。K 和 Ca 平均含量在河北省最低，V 和 Mo 平均含量

在河北省最高；Na、Mg、Mn 和 Ni 平均含量在河南省最低，Cr 和 Cd 平均含量在河南省最高；Zn、Se 和 Sb 平均含量在山东省最低，Ba 平均含量在山东省最高；陕西省样品的 Al、K、Ca、Mn、Fe、Co、Pb 平均含量高于其他地区。这些特征奠定了利用矿质元素指纹信息鉴别小麦产地的基础。

2. 小麦样品中矿质元素含量的主成分分析

对 2007/2008 年度小麦样品在不同省份间含量存在显著差异的 17 种元素进行主成分分析，结果表明，前 7 个主成分的累计方差贡献率为 75.810%。从主成分的特征向量中可以看出，第 1 主成分主要综合了小麦样品的 Cu、Mg、Mn、Na、Zn、Mo 和 Fe 7 种元素含量信息；第 2 主成分主要综合了样品中 Sb、Co 和 Al 的含量信息；第 3 主成分主要综合了 Ba 和 Ca 的含量信息；第 4 主成分主要代表 Ni 的含量信息；第 5 主成分主要代表 Pb 和 U 的含量信息；第 6 主成分主要代表 V 的含量信息；第 7 主成分主要代表 Cr 的含量信息（表 2-15）。

表 2-15　前 7 个主成分中各变量的特征向量及累计方差贡献率

元素	第 1 主成分	第 2 主成分	第 3 主成分	第 4 主成分	第 5 主成分	第 6 主成分	第 7 主成分
Cu	**0.821**	−0.112	−0.214	0.105	0.000	0.025	−0.166
Mg	**0.696**	−0.325	0.166	−0.043	0.126	0.040	0.110
Mn	**0.693**	0.174	0.348	−0.120	0.118	−0.069	−0.349
Na	**0.684**	−0.042	0.164	−0.379	0.002	0.044	0.076
Zn	**0.664**	−0.326	−0.213	0.165	0.032	−0.075	−0.168
Mo	**0.607**	−0.478	−0.319	0.113	−0.018	−0.004	0.162
Fe	**0.566**	0.435	0.109	0.033	−0.124	−0.062	0.103
Sb	0.101	**0.855**	−0.393	−0.182	0.022	0.066	0.030
Co	0.077	**0.842**	−0.423	−0.178	0.018	0.092	0.027
Al	0.399	**0.501**	0.213	0.394	0.078	−0.096	0.273
Ba	0.290	−0.026	**0.738**	−0.091	−0.063	0.305	−0.203
Ca	0.308	0.355	**0.691**	−0.159	−0.053	0.097	−0.040
Ni	0.076	0.296	0.301	**0.774**	0.055	0.078	0.063
Pb	0.352	−0.045	−0.041	−0.106	**0.766**	0.290	0.118
U	0.460	−0.165	0.010	−0.092	**−0.501**	0.455	0.434
V	−0.430	−0.067	−0.229	0.164	0.137	**0.654**	−0.102
Cr	−0.470	−0.125	0.307	−0.166	0.282	−0.221	**0.526**
方差贡献率（%）	25.518	15.467	11.888	6.702	5.880	5.391	4.964
累计贡献率（%）	25.518	40.984	52.873	59.574	65.455	70.845	75.810

利用第 1、第 2、第 3 主成分的标准化得分作图（图 2-1a）。从图中可以看出，虽然不同省份的样品间相互有交叉，但大多数样品可被正确区分。图中样品的分布区域与元素含量差异分析的规律一致。第 1、第 2 主成分主要综合了小麦样品中 Cu、Mg、Mn、Na、Zn、Mo、Fe、Sb、Co 和 Al 含量信息，陕西省样品的 Cu、Mn、Na、Fe、Sb、Co 和 Al 含量在 4 个省份中均表现最高，其第 1、第 2 主成分得分较高。第 3 主成分主要综合了小麦样品中 Ba 和 Ca 的含量信息，河北省样品的 Ca 含量最低，第 3 主成分得分较低；山东省样品的 Ba 含量最高，第 3 主成分得分较高。

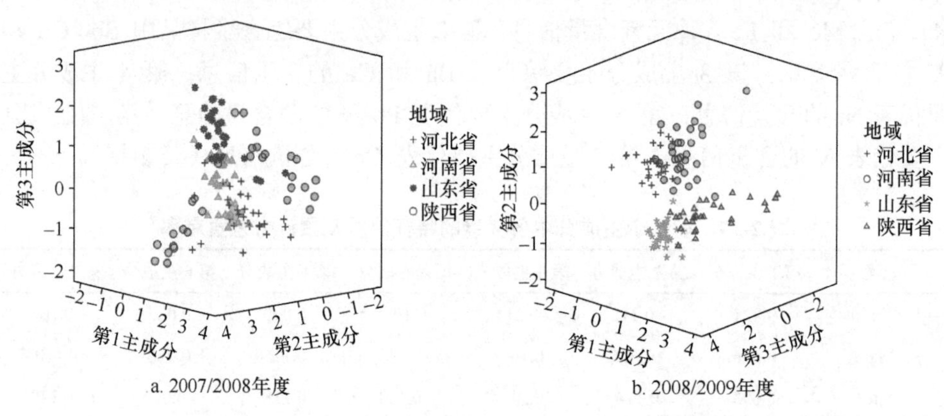

图 2-1　小麦样品矿质元素含量前 3 个主成分得分图

对 2008/2009 年度小麦样品在不同省份间含量存在显著差异的 34 种元素进行主成分分析，结果表明，前 10 个主成分的累计方差贡献率为 76.735%。从主成分的特征向量中可以看出，第 1 主成分主要综合了小麦样品的 Y、Ce、Nd、La、Al、Ti、Li、Ga、Zr、Mn、Fe、Co 和 K 13 种元素含量信息；第 2 主成分主要综合了样品中 Th、Cr、Sc、Sn 和 Se 的含量信息；第 3 主成分主要综合了 Mo、Sr、Mg、Na 和 Cu 的含量信息；第 4 主成分主要表示了 Ca 和 V 的含量信息；第 5 至第 10 主成分对各元素信息的综合能力均较低（表 2-16）。

表 2-16　前 10 个主成分中各变量的特征向量及累计方差贡献率

元素	第 1 主成分	第 2 主成分	第 3 主成分	第 4 主成分	第 5 主成分	第 6 主成分	第 7 主成分	第 8 主成分	第 9 主成分	第 10 主成分
Y	**0.906**	0.041	−0.178	−0.125	0.158	−0.053	−0.106	−0.009	0.099	−0.038
Ce	**0.890**	0.057	−0.244	−0.131	0.128	−0.197	0.039	−0.070	−0.005	−0.033
Nd	**0.870**	0.108	−0.281	−0.128	0.147	−0.182	0.048	−0.022	0.030	−0.003
La	**0.865**	0.086	−0.240	−0.114	0.120	−0.189	0.061	−0.142	0.016	−0.045

续表

元素	第 1 主成分	第 2 主成分	第 3 主成分	第 4 主成分	第 5 主成分	第 6 主成分	第 7 主成分	第 8 主成分	第 9 主成分	第 10 主成分
Al	**0.794**	0.222	−0.337	−0.027	0.291	−0.141	−0.041	0.027	−0.041	−0.046
Ti	**0.767**	−0.416	−0.044	0.050	−0.294	0.033	−0.002	0.126	−0.111	0.183
Li	**0.667**	0.234	−0.195	0.067	−0.402	−0.019	−0.179	−0.066	−0.003	0.313
Ga	**0.659**	−0.627	0.127	0.022	−0.168	0.049	−0.069	−0.041	−0.158	0.057
Zr	**0.647**	−0.046	−0.297	−0.064	0.241	−0.110	−0.076	0.053	−0.104	−0.198
Mn	**0.630**	−0.080	0.220	0.027	0.038	0.417	0.135	0.026	−0.032	−0.086
Fe	**0.622**	0.189	0.018	0.262	−0.011	0.144	0.060	0.096	−0.109	−0.016
Co	**0.612**	−0.203	0.419	0.025	0.019	0.264	0.086	−0.329	−0.033	−0.029
K	**0.503**	−0.157	0.123	0.194	−0.190	−0.138	0.010	0.530	0.079	0.379
Th	0.210	**0.803**	−0.117	−0.053	0.289	−0.055	0.045	0.157	0.172	−0.051
Cr	−0.045	**0.780**	−0.071	−0.349	−0.285	0.116	0.278	0.094	0.102	0.162
Sc	0.047	**0.774**	0.054	−0.324	−0.295	0.155	0.270	−0.034	0.091	0.177
Sn	−0.098	**−0.581**	−0.065	−0.089	0.182	−0.059	0.245	0.242	0.043	−0.109
Se	−0.209	**0.515**	−0.084	0.040	0.407	0.035	0.074	0.000	−0.205	0.012
Mo	−0.084	0.250	**0.676**	−0.109	0.255	−0.353	−0.106	−0.183	−0.162	−0.057
Sr	0.430	−0.221	**0.672**	−0.186	−0.012	−0.203	0.148	−0.023	0.101	0.010
Mg	0.235	0.053	**0.638**	0.430	0.331	0.042	0.158	0.207	0.072	0.100
Na	0.133	0.202	**0.560**	0.139	0.119	−0.422	−0.233	0.272	0.104	0.169
Cu	0.247	0.380	**0.557**	0.370	−0.167	−0.156	0.162	−0.126	−0.021	−0.274
Ca	0.253	−0.063	−0.117	**0.578**	0.111	0.462	−0.030	0.187	0.166	−0.154
V	0.356	0.171	0.437	**−0.544**	0.008	0.344	−0.159	0.106	−0.243	−0.049
Pb	0.468	0.164	−0.159	0.029	−0.292	0.146	−0.104	0.136	0.148	−0.418
Ni	0.391	−0.203	0.100	−0.073	−0.077	−0.173	0.384	−0.170	−0.001	0.099
Cd	−0.026	0.466	−0.089	0.306	0.234	0.187	0.316	0.145	−0.202	0.116
Zn	0.164	0.425	0.170	0.389	−0.410	−0.038	−0.123	0.047	0.000	−0.346
Be	0.060	0.236	−0.183	0.475	0.214	0.209	−0.352	−0.326	−0.214	0.392
Ge	0.287	0.163	0.459	−0.421	0.050	0.391	−0.325	0.097	−0.240	−0.007
Ba	0.064	−0.389	0.101	−0.214	0.364	0.406	0.246	−0.037	0.358	0.106
U	0.030	0.138	0.148	−0.139	0.129	0.089	−0.476	−0.062	0.644	0.057
Cs	0.331	0.094	0.153	0.303	−0.100	0.033	0.150	−0.495	0.264	0.095
方差贡献率（%）	24.307	12.702	9.625	6.618	5.106	4.809	3.785	3.508	3.209	3.067
累计贡献率（%）	24.307	37.009	46.634	53.252	58.358	63.167	66.952	70.460	73.668	76.735

利用第 1、第 2、第 3 主成分的标准化得分作图（图 2-1b）。从图中可以看出，不同地域的小麦样品可较好地被区分。图中样品的分布区域与元素含量差异分析的规律一致。河北省样品的 K、Ca、Ti、Zr、Sn、Ce 和 Nd 平均含量最低，主要综合在第 1 主成分的信息中，故第 1 主成分得分较低；Na、Mg、Sc、V、Cu、Ge、

Mo 和 U 平均含量最高，主要综合在第 3 主成分的信息中，故第 3 主成分得分较高。河南省样品的 Na、Mg、V、Mn、Co、Ni、Ga、Ge、Rb、Sr、Mo、Ba 和 W 平均含量最低，主要综合在第 3 主成分的信息中，故第 3 主成分得分较低；Be、Cr、Zn、Se、Cd、Sb 和 Th 平均含量最高，主要综合在第 2 主成分的信息中，故第 2 主成分得分较高。山东省样品的 Li、Be、Al、Sc、Cr、Fe、Cu、Zn、Se、Cd、Sb、Pb 和 Th 平均含量最低，主要综合在第 1、第 2 主成分的信息中，故第 1、第 2 主成分得分较低。陕西省样品的 Li、Al、K、Ca、Ti、Mn、Fe、Co、Ni、Ga、Rb、Sr、Y、Zr、Cs、La、Ce、Nd、W 和 Pb 平均含量高于其他地区，主要综合在第 1 主成分的信息中，故第 1 主成分得分较高。

可见，主成分分析可以把样品中多种元素的含量信息通过综合的方式更直观地表现出来。

3. 不同地域小麦样品中矿质元素含量的判别分析

由不同地域小麦样品各元素含量的方差分析、主成分分析结果可知，利用矿质元素指纹分析技术判别小麦产地是可行的。为了进一步了解各元素含量指标对小麦产地的判别结果，对在不同地域间有显著差异的元素进行逐步判别分析；筛选出对地域判别有效的变量，剔除不必要的干扰变量，建立判别模型。样本被随机分为两组，2/3 的样本作为训练集，建立模型；1/3 的样本作为测试集，检验已建模型的有效性。

结果显示，对于 2007/2008 年度小麦样品，Ba、Mn、Ca、Co、Mo、V、Pb 和 Cr 8 种元素先后被引入判别模型中。判别模型如下

$$\text{河北省}=0.115Ca+2.63V+0.070Cr+1.23Mn+7.20Co+20.9Mo-2.30Ba+6.06Pb-64.9$$

$$\text{河南省}=0.119Ca+1.57V+0.246Cr+1.14Mn+6.90Co+17.7Mo-2.16Ba+7.70Pb-60.1$$

$$\text{山东省}=0.121Ca+1.34V+0.097Cr+1.11Mn+7.17Co+17.7Mo-0.080Ba+7.20Pb-69.6$$

$$\text{陕西省}=0.179Ca+0.735V+0.139Cr+1.97Mn+12.0Co+24.9Mo-4.64Ba+15.3Pb-138.7$$

利用此判别模型判别测试集样品，结果对河北省、河南省、山东省和陕西省样品的正确判别率分别为 70%、80%、70%和 90%，整体正确判别率为 77.5%。

对于 2008/2009 年度小麦样品，Ga、Co、Li、Sr、Sn、V、Ge、Be、Y 和 Ba 10 种元素先后被引入判别模型中。判别模型如下

$$\text{河北省}=55.1Li+92.9Be-9.99V+574Co-168Ga+5.36Sr-2150Y+2.15Ba+132Ge+200Sn-58.1$$

河南省=125Li+125Be–4.15V+93.4Co–91.7Ga+3.12Sr–1153Y+2.56Ba+86.2Ge+210Sn–45.4

山东省=–19.5Li–1.07Be–27.1V+500Co+318Ga+3.98Sr–1620Y+3.07Ba+193Ge+261Sn–76.6

陕西省=54.9Li+7.90Be–32.8V+436Co+565Ga+2.67Sr–307Y +1.29Ba+212Ge +185Sn–82.5

利用此判别模型鉴别测试集样品的产地，结果对 4 省样品的正确判别率均为 90%。

分别利用两年样品前 3 个判别函数的得分作图（图 2-2）。由图 2-2 可见，不同地域的样品位于不同的空间。说明矿质元素指纹分析技术对小麦产地的判别效果较好，是用于小麦产地溯源的一种有效方法。

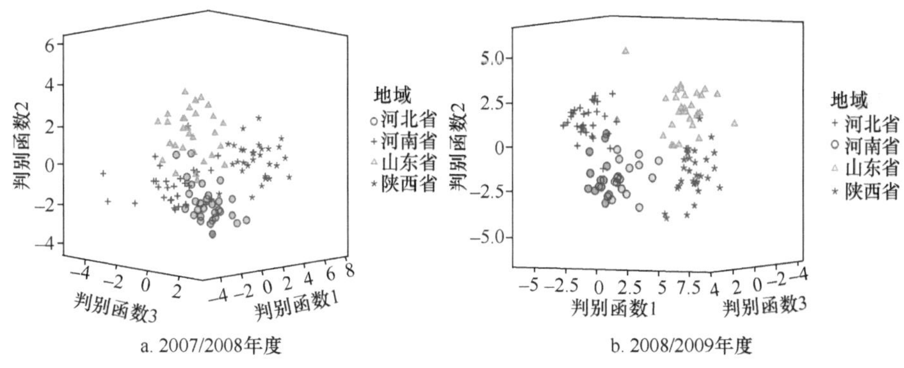

图 2-2 小麦样品前 3 个判别函数得分图

2.2.3 讨论

来自四大主产区的小麦样品中矿质元素含量有其各自的特征。这些差异可能与采样地区的地质、土壤类型密切相关（Herawati et al.，2000）。河北省与河南省采样地区土壤以潮土为主，山东省和陕西省采样地区土壤类型分别以棕壤土和黑垆土为主（李天杰等，1980）。前人研究发现，河北省土壤中 K 的含量较低（刘克桐，2005）；河南省土壤中 Na 和 Mn 较其他地区含量低，而 Cd 含量较高（盛奇等，2009；朱喜梅等，1994）；山东省土壤中 Ba 含量较高，而 Zn 含量较低（刘江生等，2008；庞绪贵等，2008）；陕西省关中平原土层深厚，矿质元素（如 Ca、Mn、Al 和 Fe）含量较丰富（李艳，2008；赵士鹏和金伦，1992；郑春江等，1992；董旭辉和孙文舜，1991）。与 4 个地域小麦籽粒中相应元素含量趋势一致，说明土壤中元素的含量可能影响小麦籽粒中的元素含量，这与前人的研究结果（Khoshgoftarmanesh et al.，2006）一致。4 个省的气候也有其各自的特点。河北省属于温带大陆性季风气候；河南省属于湿润与半湿润大陆性季风气候；山东省属于暖温带季风气候；陕西省的关中平原为暖温带半干旱或半湿润气候。气候条件的差异使各省在小麦生长期的温度、降水量、日照时间等因子存在差异（表 2-5），可能也会影响小麦中的元素含量（Purvis et al.，2008）。由于不同地区主栽品种不同，采样时主要选择了各省的主栽品种，所以样品中各省的品种几乎均不相同。这也可能是不同地域小麦样品中矿质元素含量差异的一个原因（Zhang et al.，2010；Peterson et al.，1986）。另外，不同地域的栽培措施可能不同，也可能会影响小麦籽粒中元素的含量（Perilli et al.，2010；Lavado et al.，2001；Zhang et al.，2001）。不同地域主成分分析和判别分析的结果说明了利用矿质元素指纹分析技术可以鉴别小麦的产地。

从分析结果中发现，不同年际间相同地域的小麦样品中同种矿质元素含量也不尽相同。这可能与不同年际生长期相同地域气候因素（如温度、降水量等）的差异有关（表 2-5）。采样时主要是根据实际种植情况，两年定点采样，两年中同一省采集样品的品种也不尽相同。河北省、河南省、山东省、陕西省 2007/2008 年度的品种数分别为 17 个、16 个、9 个、7 个，2008/2009 年度的品种数分别为 11 个、15 个、7 个、5 个；两年样品各省相同的品种数分别为 8 个、7 个、5 个、4 个；相同品种的样本数分别为 18 个、16 个、15 个、21 个。这也可能是不同年际间相同地域的样品中元素含量存在差异的原因。

通过对同省份不同地区小麦样品中的矿质元素含量进行方差分析，可知，溯源指标的筛选还与选择的溯源范围有关。通过对两年小麦样品中在不同地域含量有显著差异的元素进行逐步判别分析，结果发现，用于建立小麦产地判别模型的指标还与选择分析的元素种类有关；选择恰当的元素建立的判别模型可提高产地的正确判别率。此外，不同地域的小麦中矿质元素指纹信息是环境（地域、年际）和基因型共同作用的结果。矿质元素指纹溯源技术应用于实践的关键是筛选出与种植地域密切相关的元素作为溯源指纹信息。因此，还需进一步研究地域、基因型、年际等因素对小麦籽粒中矿质元素含量变异的影响。

2.2.4 小结

尽管小麦籽粒中的矿质元素含量可能受基因型、年际等因素的影响，但是矿质元素是用于小麦产地溯源的有效指标。矿质元素指纹分析技术与多元统计方法结合是用于小麦产地溯源的有效方法。

第 3 章　基因型和环境对谷物产地溯源指纹信息的影响

分析环境和基因型对农产品产地溯源指纹信息的影响，解析各因素对农产品各溯源指标变异的贡献率，是阐释农产品产地溯源指纹信息成因及其在年际间稳定性的关键研究内容。研究发现利用多元素指纹分析技术鉴别小麦产地具有可行性；并且小麦籽粒中的稳定同位素和矿质元素含量不仅与环境（地域和年际）密切相关，还受基因型影响。由于品种遗传基因的差异，以及对气候的适应性的限制，不同地域随机采集的小麦品种不尽相同。不同地域的小麦籽粒中溯源指纹信息的差异是源于地域的差异，还是源于基因型的差异；随着种植品种的改变，不同地域的元素指纹信息特征是否会发生改变，尚不清楚；不同年际间相同地域来源的小麦元素指纹信息如何变化，也不清楚。本章基于连续 2 年在 3 个地域种植 10 个小麦品种的产地溯源田间模型试验，以得到的 180 份小麦籽粒样品为试验材料，分析地域、基因型、年际对小麦籽粒中稳定同位素比率和矿质元素含量的影响；解析地域、基因型、年际及其交互作用对各溯源指标变异的贡献率；筛选出受基因型、年际等因素影响较小，与地域密切相关的元素作为产地溯源的指纹信息。

3.1　基因型和环境对谷物稳定同位素指纹信息的影响

3.1.1　材料与方法

1. 仪器与试剂

本试验所用仪器与试剂的主要信息见表 2-1 和表 2-2。

2. 田间试验设计

轻质同位素检测样品为 2011～2013 年连续 3 年从河北省赵县、河南省辉县和陕西省杨凌采集的 270 份小麦样品，锶同位素检测样品为 2013～2014 年 3 个基因型 27 份小麦样品。

3. 试验方法

（1）采样方法

小麦籽粒　每个小区随机选择 3 个点，每个点收割 $1m^2$（1m×1m）。每年每个试验点共采集 30 个小麦样品。

土壤样品　每个小区收割小麦的地点中心作为土壤采样点，采集土层深度 0～20cm 土壤样品，将各点相同深度的土壤样品混合，作为一个分析样本。每年每个试验点共采集 10 个土壤样品。

各试验站地理位置及小麦生长期平均温度、总降水量及日照时间信息见表 2-4 和表 2-5。

（2）样品前处理

将收获后的小麦进行晾晒，手工脱粒，然后将小麦籽粒运往实验室进行前处理。挑出小麦籽粒内石子、杂草等杂物，用去离子水反复冲洗干净，置于 38℃烘箱内约 24 小时烘干至恒重。烘干样品用植物粉碎机粉碎，过 100 目筛，得到全麦粉样品。

（3）稳定同位素测定

测定方法参考第 2 章 2.1.1 节“3. 试验方法”。

（4）数据处理及质量控制

用 SPSS 18.0 软件分别对数据进行单因素方差分析、Duncan 多重比较分析、多因素方差分析及 Pearson 相关性分析。

3.1.2　结果与分析

1. 小麦籽粒稳定同位素的地域特征分析

对不同地域间的小麦籽粒稳定同位素进行分析的结果（表 3-1）表明，小麦 δ^{13}C 值、δ^{15}N 值、δ^{2}H 值、^{87}Sr/^{86}Sr 比值在不同地域间均有显著差异（$p<0.05$）。杨凌的小麦籽粒 δ^{13}C 值和 δ^{2}H 值显著高于另外两个地域，辉县小麦 δ^{15}N 值显著高于杨凌和赵县，而赵县小麦的 ^{87}Sr/^{86}Sr 比值最高。

2. 小麦籽粒稳定同位素的基因型特征分析

对不同基因型间的小麦籽粒稳定同位素进行分析的结果（表 3-2）表明，小麦 δ^{15}N 值、^{87}Sr/^{86}Sr 比值在不同基因型间无显著差异，δ^{13}C 值、δ^{2}H 值在不同基因型间有显著差异（$p<0.05$）。其中，西农 979 的小麦籽粒 δ^{13}C 值平均值最高，周麦 18 的小麦

籽粒 δ^{13}C 值平均值最低；新麦 18 小麦籽粒 δ^{2}H 值平均值最高，衡 5229 的小麦籽粒 δ^{2}H 值平均值最低。

表 3-1　不同地域小麦籽粒稳定同位素比值

同位素	辉县	杨凌	赵县
δ^{13}C 值	−27.92±0.41 b	−26.60±0.97 a	−28.00±0.55 b
δ^{15}N 值	0.95±1.46 a	−2.7±1.52 c	0.34±1.17 b
δ^{2}H 值	−66.41±6.44 b	−61.18±7.62 a	−71.58±6.44 c
^{87}Sr/^{86}Sr 比值	0.7110±0.0004 c	0.7114±0.0004 b	0.7122±0.0003 a

注：表格中的数值为平均值±标准偏差；同一行不同字母间差异显著（p<0.05），本章下同

表 3-2　不同基因型小麦籽粒稳定同位素组成

同位素	衡 5229	邯 6172	周麦 16	衡观 35	新麦 18	西农 889	西农 979	小偃 22	周麦 18	郑麦 366
δ^{13}C 值	−27.77 ±0.94 cd	−27.54 ±1.08 abcd	−27.84 ±0.89 d	−27.80 ±0.71 d	−27.08 ±0.81 ab	−27.13 ±0.74 ab	−27.01 ±1.09 a	27.56 ±0.92 bcd	−28.02 ±0.70 d	−27.28 ±0.91 abc
δ^{15}N 值	−0.21 ±2.13 a	−0.14 ±2.08 a	−0.53 ±2.12 a	−0.71 ±2.27 a	−0.71 ±2.23 a	−0.38 ±2.18 a	−0.63 ±2.26 a	−0.53 ±2.12 a	−0.57 ±1.92a	−0.57 ±1.92 a
δ^{2}H 值	−72.28 ±7.01 c	−67.74 ±7.10 ab	−63.80 ±8.96 a	−69.10 ±6.99 bc	−63.25 ±6.67 ab	−66.89 ±7.10 ab	−65.53 ±7.86 ab	−64.01 ±7.93 a	−67.50 ±8.85 ab	−63.82 ±8.09 a
^{87}Sr/^{86}Sr 比值	0.7115 ±0.0006 a	0.7116 ±0.0008 a	0.7115 ±0.0005 a							

3. 小麦籽粒稳定同位素的年际特征分析

对不同年际小麦籽粒稳定同位素进行分析的结果（表 3-3）表明，小麦 δ^{13}C 值、δ^{2}H 值在不同年际间均有显著差异（p<0.05），而小麦 δ^{15}N 值、^{87}Sr/^{86}Sr 比值在不同年际之间无显著差异。

表 3-3　不同年际小麦籽粒稳定同位素组成

同位素	2010/2011 年度	2011/2012 年度	2012/2013 年度	2013/2014 年度
δ^{13}C 值	−27.01±1.03 a	−27.96±0.36 c	−27.54±1.01 b	−28.03±0.96 c
δ^{15}N 值	−0.40±2.56 a	−0.70±1.32 a	−0.38±2.34 a	−0.39±2.14 a
δ^{2}H 值	−68.47±7.22 b	−61.25±6.62 a	−69.46±7.68 b	−54.50±5.8 a
^{87}Sr/^{86}Sr 比值			0.7114±0.0007 a	0.7116±0.0006 a

4. 各因素对小麦籽粒中稳定同位素组成变异的影响

通过小麦田间试验，收获期采集小麦籽粒样品，利用多因素方差分析一般线性模型，将变异来源列为地域（R）、基因型（G）、年际（Y）及其交互作用（R×G、R×Y、G×Y、R×G×Y），解析了地域、基因型、年际及其交互作用对小

麦稳定同位素（δ^{13}C 值、δ^{15}N 值、δ^{2}H 值及 ^{87}Sr/^{86}Sr 比值）的影响及方差贡献率（表 3-4）。结果表明，各因素对小麦 δ^{13}C 值、δ^{15}N 值均有显著影响，δ^{2}H 值仅受地域、基因型、年际及地域 × 年际交互作用的显著影响，^{87}Sr/^{86}Sr 比值仅受到地域、年际的显著影响。

表 3-4　地域、基因型、年际及其交互作用对小麦稳定碳、氮、氢、锶同位素的影响

变异来源	δ^{13}C 值		δ^{15}N 值		δ^{2}H 值		^{87}Sr/^{86}Sr 比值	
	平均方差	p 值	平均方差	p 值	平均方差	p 值	平均方差	p 值
R	56.425	0.000	356.754	0.000	2433.951	0.000	6.747×10^{-6}	0.000
G	3.512	0.000	1.455	0.008	224.504	0.000	1.353×10^{-7}	0.256
Y	19.875	0.000	2.927	0.006	1804.029	0.000	4.994×10^{-7}	0.028
R×G	0.249	0.000	1.808	0.000	18.568	0.804	2.460×10^{-7}	0.054
G×Y	0.136	0.000	1.878	0.000	21.989	0.685	2.386×10^{-7}	0.097
R×Y	8.026	0.000	73.949	0.000	242.739	0.000	8.221×10^{-8}	0.432
R×G×Y	0.137	0.000	0.944	0.015	12.928	0.993	2.193×10^{-7}	0.079
误差	0.050		0.563		26.362		9.549×10^{-8}	

通过计算各因素方差与总方差的比例，得到各因素对每种同位素的方差贡献率（图 3-1）。地域对小麦籽粒 δ^{13}C 值方差变异贡献最大，贡献率达到 47.57%，其次是年际、地域×年际和基因型，贡献率分别为 16.75%、13.53%和 13.32%，其他因素（R×G、G×Y、R×G×Y）对小麦籽粒 δ^{13}C 值方差变异贡献较小。地域对小麦籽粒 δ^{15}N 值方差变异贡献最大，贡献率达到 58.02%，其次是地域×年际的交互作用，贡献率为 24.05%，其他因素（G、Y、R×G、G×Y 和 R×G×Y）对小麦籽粒 δ^{15}N 值方差变异贡献较小。地域对小麦籽粒 δ^{2}H 值方差变异贡献最大，贡献率达到 27.96%，其次是年际、基因型，贡献率分别为 20.73%、11.61%，其他交互作用（R×Y、R×G、G×Y、R×G×Y）对小麦籽粒 δ^{2}H 值方差变异贡献较小。地域对小麦籽粒 ^{87}Sr/^{86}Sr 比值方差变异贡献最大，贡献率达到 81.65%，其次是年际，贡献率为 6.04%，其他因素对小麦籽粒 ^{87}Sr/^{86}Sr 比值方差变异贡献较小。

3.1.3　讨论

本研究发现，小麦碳同位素受地域、基因型及年际的影响显著。同时，基因型与环境的交互作用也对小麦碳同位素有显著影响。前人对多年际、多地域的农产品中碳同位素变异的研究较少。Araus 等（2013）将 10 个基因型小麦品种连续 3 年种植于同一地域，控制水分和氮肥的施用量，测定小麦籽粒产量、氮含量，以及稳定碳、氧、氮同位素组成，发现小麦籽粒稳定碳同位素受到年际、基因型的显

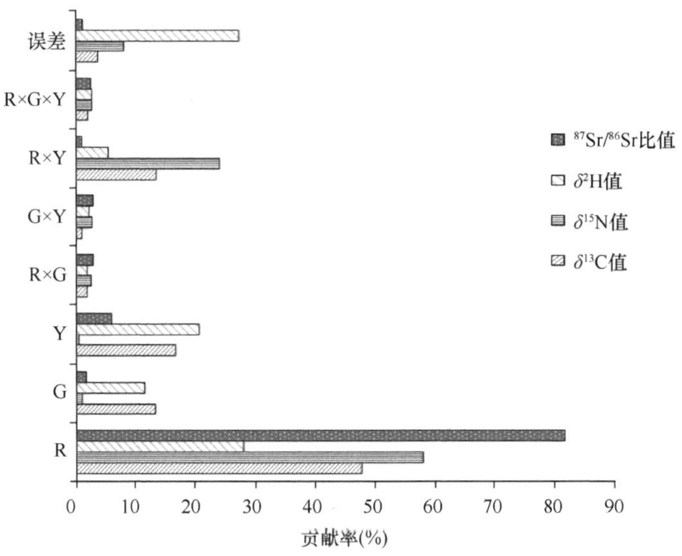

图 3-1　地域、基因型、年际及其交互作用对小麦 $\delta^{13}C$ 值、$\delta^{15}N$ 值、δ^2H 值和 $^{87}Sr/^{86}Sr$ 比值的方差贡献率

著影响（$p<0.05$），且减少灌溉及轻微增加氮施用量可导致碳同位素增加。另外，研究 $\delta^{13}C$ 值与植物本身的抗旱性及水分利用效率（WUE）关系的文献较多，主要通过研究不同基因型植物与水分利用效率的关系，对基因型进行目的性选择（林植芳等，2001；李秧秧，2000；Khazaei et al.，2009）。前人研究结果表明，碳分辨率（$\Delta^{13}C$）与水分利用效率成反比，与产量呈正相关，而 $\delta^{13}C$ 值与产量呈负相关（Araus et al.，2013；Bort et al.，2013）。本研究中西农 979、新麦 18 小麦籽粒中 $\delta^{13}C$ 值在 3 个地域中均较大，而周麦 16、衡观 35 小麦籽粒中 $\delta^{13}C$ 值在 3 个地域均较小，表明后两个小麦品种可能节水性能较好，作物产量较高。前人研究表明大气 CO_2 浓度升高和大气温度升高都会影响植物的水分利用效率（韦莉莉等，2005），因此，CO_2 在产生地域间差异的同时，也为同一地域小麦籽粒碳同位素的基因型间变异带来潜在影响。研究表明，碳同位素受到地域（R）、基因型（G）、年际（Y）及其交互作用（R×G、R×Y、R×Y、R×G×Y）的显著影响（$p<0.05$），说明外界环境因素与小麦基因型共同影响小麦体内碳同位素组成。然而，地域对小麦碳同位素方差变异贡献最大，表明碳同位素能够表征小麦的地域信息，并为其应用于产地溯源提供依据。

尽管地域对各因素的贡献率均最大，但导致每种同位素在不同地域间变异的原因各不相同。其中，碳、氢同位素在地域间的差异主要是由地域间地理位置和气候类型导致，氮同位素在地域间的差异主要由于当地土壤特性及农业施肥产生，而锶同位素则主要受当地地质构造和土壤锶同位素组成的影响。年际是稳定碳、氢同位素指纹变异的第二贡献因素。一方面是由于农产品中这两种同位素指纹的形成受到气候因子（如温度、湿度、降水量等）的影响；另一方面是由于这两种同位素的质量数较轻，年际间轻微的变动都会对其产生较大影响。对于碳同位素，地域×年际影响贡献大于年际，进一步印证了地域、年际因素中存在影响碳同位素指纹变异的交叉部分，如气候条件，一个地域的气候类型是当地的特有属性，然而，气候因子在每个地域不同年际之间的变化会有不同，这就成为交互作用产生的主要来源。基因型对稳定碳、氢同位素指纹变异的贡献均在前四位，甚至对氢同位素的贡献率高于地域×年际交互作用，表明基因型是这两种同位素变异的主要因素之一，在应用过程中不能忽视。

3.1.4 小结

地域、基因型、年际及其交互作用对小麦籽粒中 δ^{13}C 值、δ^{15}N 值、δ^{2}H 值、^{87}Sr/^{86}Sr 比值均有一定影响，但地域的影响显著大于其他因素的影响（$p<0.05$）。稳定同位素指纹信息是用于小麦产地溯源的有效指标。

3.2 基因型和环境对谷物矿质元素指纹信息的影响

3.2.1 材料与方法

1. 仪器与试剂

本试验所用仪器与试剂的主要信息见表 3-5 和表 3-6。

表 3-5 仪器的主要信息

仪器名称	型号	生产厂家
电热恒温鼓风干燥箱	DHG-9140A	上海一恒科学仪器有限公司
旋风磨	Cyclotec 1093	丹麦 Foss Tecator 公司
超纯水机	Milli-Q	美国 Millipore 公司
电热板		美国 LabTech 公司
压片机	PP40	德国 Retsch 公司
高分辨率电感耦合等离子体质谱仪	ELEMENT I	德国 Finnigan MAT 公司
X 射线荧光光谱仪	PW2404	荷兰 Philips 公司

表 3-6　试剂的主要信息

试剂名称	级别/编号	生产厂家
浓硝酸	MOS 级	北京化学试剂研究所
氢氟酸	MOS 级	北京化学试剂研究所
高氯酸	MOS 级	北京化学试剂研究所
去离子水	＞18.2MΩ·cm	中国农业科学院农产品加工研究所
内外标		国家标准物质研究中心
小麦标准物质	GBW10011	中国标准物质采购中心
土壤标准物质	GBW07401	中国标准物质采购中心

2. 田间试验设计

同 3.1.1 节中“2. 田间试验设计”。

3. 试验方法

（1）采样方法

参考 3.1.1 节中“3. 试验方法”。

各试验站地理位置及小麦生长期平均温度、总降水量及日照时间信息见表 2-4 和表 2-5。

（2）样品预处理方法

将收割的小麦晒干后脱粒，每个小麦样品称取 100g，挑出其中的石子、杂草等杂质；反复用去离子水冲洗干净，然后用烘箱将样品烘干；用旋风磨将其粉碎。挑出土壤样品中的石子、杂草等杂质，自然风干；用球磨仪碾碎，过 200 目筛备用。

（3）ICP-MS 测定前样品消解

全麦粉样品消解方法　准确称取样品 0.2g 放入 25ml 专用溶样罐中；先用少量水润湿，轻轻振动使样品均匀；加入 15ml 70%的硝酸，盖上专用溶样罐盖，在低温电热板上 200℃加热 24小时溶解；待样品分解后，打开溶样罐，在低温电热板上加热蒸至近干后，用 4%的硝酸提取至 10ml 容量瓶中，摇匀后备用。

土壤样品消解方法　准确称取 0.05g 样品，放入 25ml 专用溶样罐中；先用少量水润湿，轻轻振动使样品均匀；分别加入 3ml 40%的氢氟酸、1ml 70%的硝酸、5 滴 70%的高氯酸；盖上专用溶样罐盖，在低温电热板上 200℃加热 48小时溶解；待样品分解后，打开溶样罐，在低温电热板上加热蒸至近干后，用 4%的硝酸提取至 50ml 容量瓶中，摇匀后备用。

采用相同的消解方法消解小麦和土壤标准物质。

（4）元素含量测定

利用 ICP-MS 测定小麦籽粒中 Na、Mg、Al 等 51 种矿质元素的含量。同时，以 ^{72}Ge、^{115}In 和 ^{209}Bi 作为在线检测内标。仪器工作条件及参数：射频功率为 1280W，采样深度为 8mm，冷却气、载气和辅助气流量分别为 1.47L/min、1L/min 和 1L/min，雾化室温度为 2℃。采用相同的方法测定小麦和土壤标准物质中的元素含量。

根据小麦和土壤标准物质的标定值，共得到 13 种回收率为 80%～120%的矿质元素，分别为 ^{24}Mg、^{27}Al、^{44}Ca、^{55}Mn、^{56}Fe、^{63}Cu、^{66}Zn、^{75}As、^{88}Sr、^{95}Mo、^{111}Cd、^{137}Ba 和 ^{208}Pb。这 13 种元素用于后续数据分析。

（5）数据处理方法

用 SPSS 18.0 软件分别对数据进行单因素方差分析和多因素方差分析。

3.2.2 结果与分析

1. 小麦籽粒样品矿质元素含量的地域特征分析

不同地域小麦和土壤样品中矿质元素含量见表 3-7 和表 3-8。对不同地域小麦样品中矿质元素含量进行方差分析。结果显示，Mg、Al、Ca、Mn、Fe、Zn、As、Sr、Mo、Cd、Ba 的含量在不同地域间差异显著（$p<0.05$）；Cu、Pb 的含量在不同地域间差异不显著。不同地域小麦样品中元素含量有其各自的特征。辉县样品的 Zn、Cd 平均含量最高，Mg、Ca、Mn、Sr、Mo、Pb 平均含量最低；杨凌样品的 Al、Ca、Mn、Fe、Cu、Pb 平均含量最高，Zn、As、Ba 平均含量最低；赵县样品的 Fe、Cu 平均含量最低，Mg、As、Sr、Mo、Ba 平均含量最高。

表 3-7 不同地域小麦籽粒样品中矿质元素含量 （单位：μg/g）

元素	辉县	杨凌	赵县
Mg	1432±252 b	1490±240 b	1658±253 a
Al	5±3 b	8±6 a	5±3 b
Ca	478±96 b	535±81 a	519±140 b
Mn	32.6±3.6 b	39.3±4.3 a	33.3±4.1b
Fe	38.6±13.5 b	46.5±18.8 a	38.11±14.3b
Cu	4.63±1.21 a	4.78±1.08 a	4.61±0.96 a
Zn	37.2±8.7 a	25.0±5.8 c	30.9±6.2 b
As	0.028±0.014 b	0.024±0.010 b	0.038±0.016 a
Sr	4.5±1.3 c	5.4±1.9 b	9.1±1.6 a
Mo	0.438±0.087 b	0.463±0.110 b	0.646±0.107 a
Cd	0.140±0.041 a	0.016±0.004 b	0.016±0.004 b
Ba	3.63±0.99 a	2.76±0.92 b	3.73±1.28 a
Pb	0.158±0.129 a	0.178±0.347 a	0.167±0.161 a

对不同地域的土壤样品矿质元素含量进行方差分析。结果显示，除了 Zn，其他元素含量在不同地域间均存在显著差异（$p<0.05$）。不同地域土壤样品中元素含量有其各自的特征。辉县样品的 Cd、Cu、Pb 平均含量最高，杨凌样品的 Al、Ca、Mn、Fe、As、Mo、Ba 平均含量最高，赵县样品的 Mg 和 Sr 平均含量最高。

表 3-8　不同地域土壤样品中矿质元素含量　　（单位：μg/g）

元素	辉县	杨凌	赵县
Mg	10 794±105 c	12 699±194 b	13 599±283 a
Al	66 621±447 b	68 126±370 a	61 141±953 c
Ca	23 352±344 c	40 814±2 218 a	27 889±942 b
Mn	614.8±10.7 b	740.7±14. 3 a	525.5±21.5 c
Fe	32 515.0±324.8 b	34 793.5±241.9 a	28 500.5±977.2 c
Cu	32.86±2.84 a	32.66±1.92 a	27.38±3.09 b
Zn	74.0±5.5 a	74.0±4.2 a	69.3±10.2 a
As	13.200±0.781 b	15.190±0.643 a	10.562±1.213 c
Sr	149.5±6.3 c	184.9±5.3 b	242.3±7.8 a
Mo	0.714±0.077 b	0.849±0.110 a	0.460±0.054 c
Cd	0.966±0.086 a	0.205±0.047 b	0.145±0.031 c
Ba	517.00±21.66 b	555.75±29.47 a	509.15±18.30 b
Pb	27.880±2.599 a	24.230±1.567 b	19.730±1.108 c

2. 小麦籽粒样品矿质元素含量的基因型特征分析

不同基因型小麦样品中矿质元素含量见表 3-9。对不同基因型小麦样品中矿质元素含量进行方差分析。结果显示，Mg、Mn、Cu、Zn、As、Sr、Mo 的平均含量在不同基因型间存在显著差异（$p<0.05$）；Al、Ca、Fe、Cd、Ba、Pb 的平均含量在不同基因型间差异不显著。不同基因型小麦样品中元素含量有其各自的特征。新麦 18 中 Mg、Fe、Mo 平均含量最高，西农 979 中 Ca、Sr 平均含量最高，周麦 18 中 Mn、Zn、Cd 平均含量最高，西农 889 中 Cu、Pb 平均含量最高，小偃 22 中 As 平均含量最高，邯 6172 中 Ba 平均含量最高。这些结果说明基因型可能影响小麦对元素的吸收。

3. 小麦籽粒和土壤矿质元素含量的年际特征分析

不同年际小麦和土壤样品中矿质元素含量见表 3-10 和表 3-11。对不同年际小麦样品中矿质元素含量进行方差分析。结果显示，所有元素平均含量在不同年际间存在显著差异（$p<0.05$）。

表 3-9　不同基因型小麦籽粒样品中矿质元素含量

（单位：μg/g）

元素	衡 5229	邯 6172	衡观 35	新麦 18	西农 889	西农 979	小偃 22	周麦 16	周麦 18	郑麦 366
Mg	1486±272 ab	1525±287 ab	1467±246 ab	1795±279 a	1479±204 ab	1497±244 ab	1459±258 ac	1410±198 c	1531±157 ab	1619±266 b
Al	5±3 a	6±3 a	7±5 a	6±4 a	6±4 a	6±2 a	7±4 a	6±7 a	6±4 a	6±3 a
Ca	481±118 a	539±120 a	502±113 a	532±82 a	492±70 a	551±131 a	498±104 a	510±108 a	507±129 a	496±116 a
Mn	35.0±3.6 bc	34.6±4.0 bc	33.2±4.2 de	37.0±3.8 ab	36.8±4.1 ab	31.7±4.1 de	34.0±4.1 cd	30. 8±5.0 e	38.9±6.0 a	38.3±5.0 a
Fe	41.8±15.9 a	41.4±16.6 a	39.3±15.4 a	45.2±18.1 a	42.9±16.8 a	39.1±15.8 a	40.5±14.9 a	37.9±17.1 a	39.3±14.5 a	41.1±16.1 a
Cu	4.76±0.96 bcd	5.18±1.03 ab	4.36±0.88 cde	4.92±0.93 bc	5.66±1.27 a	4.97±0.99 b	4.13±0.81 ef	3.75±1.00 f	4.23±0.82 def	4.85±0.99 bc
Zn	29.9±7.9 ab	32.6±7.1 ab	28.4±6.6 b	32.8±8.2 ab	32.9±11.1 ab	27.7±6.7 b	29.9±4.4 ab	29.5±9.1 ab	35.6±9.8 a	31.0±8.5 ab
As	0.032±0.017 abc	0.029±0.013 abc	0.034±0.016 ab	0.027±0.011 bc	0.024±0.010 c	0.035±0.016 ab	0.037±0.018 a	0.031±0.014 abc	0.026±0.012 bc	0.024±0.015 c
Sr	6.2±2.6 ab	7.2±3.1 a	5.9±2.2 ab	6.5±2.6 ab	6.4±2.6 ab	7.3±2.9 a	6.3±2.6 ab	5.7±1.9 ab	6.6±2.3 ab	5.3±2.1 b
Mo	0.497±0.152 cd	0.396±0.117 f	0.459±0.097 def	0.642±0.118 a	0.542±0.090 bc	0.545±0.110 bc	0.409±0.078 ef	0.465±0.110 de	0.578±0.107 ab	0.617±0.515 a
Cd	0.066±0.071 a	0.053±0.057 a	0.058±0.063 a	0.050±0.054 a	0.060±0.069 a	0.045±0.054 a	0.058±0.062 a	0.056±0.061 a	0.074±0.084 a	0.052±0.054 a
Ba	2.22±1.81 a	2.84±2.37 a	2.09±1.75 a	2.10±1.60 a	2.30±2.04 a	2.42±1.97 a	1.68±1.28 a	2.04±1.82 a	2.58±2.12 a	1.49±1.11 a
Pb	0.141±0.106 a	0.147±0.120 a	0.188±0.170 a	0.162±0.143 a	0.270±0.605 a	0.155±0.138 a	0.171±0.157 a	0.140±0.135 a	0.149±0.147 a	0.168±0.233 a

表 3-10　不同年际小麦籽粒样品中矿质元素含量　（单位：μg/g）

元素	2010/2011 年度	2011/2012 年度	2012/2013 年度
Mg	1312±197 a	1675±209 b	1557±205 c
Al	7±2 b	3±1 c	9±5 a
Ca	466±49 b	450±51 b	642±72 a
Mn	33.7±4.1 b	37.5±6.1 a	36.3±4.7 a
Fe	52.3±8.5 a	21.0±2.5 b	50.6±7.2 a
Cu	4.03±0.74 b	4.24±0.49 b	5.85±0.82 a
Zn	25.0±6.5 c	27.6±5.3 b	37.4±8.4 a
As	0.020±0.008 b	0.019±0.006 b	0.045±0.012 a
Sr	7.2±1.9 a	5.9±1.0 b	5.2±3.3 c
Mo	0.472±0.138 b	0.472±0.10 b	0.536±0.116 a
Cd	0.053±0.053 b	0.045±0.047 b	0.073±0.081 a
Ba	3.60±0.97 a	2.75±1.12 b	3.66±1.28 a
Pb	0.070±0.015 b	0.065±0.030 b	0.365±0.321 a

表 3-11　不同年际土壤样品中矿质元素含量　（单位：μg/g）

元素	2010/2011 年度	2011/2012 年度	2012/2013 年度
Mg	12 252±1 170 a	12 476±1 231 a	11 251±1 187 b
Al	65 307±3 389 a	65 285±2 824 a	58 890±3 483 b
Ca	31 143±7 982 a	30 227±7 279 a	29 277±7 339 a
Mn	623.7±9.2 a	630.4±85.8 a	508.6±96.2 b
Fe	31 738.0±2 931.6 a	32 134.7±2 461.6 a	29 449.9±3 526.7 b
Cu	28.76±3.24 b	33.18±2.57 a	26.43±3.80 c
Zn	71.2±8.6 b	73.6±5.7 ab	78.5±18.2 a
As	13.637±1.611 a	12.331±2.365 b	12.77±2.704 ab
Sr	189.9±41.0 a	194.5±37.6 a	176.5±40.1 a
Mo	0.673±0.202 a	0.675±0.164 a	0.770±0.244 a
Cd	0.454±0.394 a	0.423±0.374 a	0.546±0.432 a
Ba	542.93±31.82 a	511.67±20.88 b	496.01±20.76 c
Pb	22.593±3.038 b	25.300±4.100 a	25.110±4.357 a

对不同年际土壤样品中矿质元素含量进行方差分析。结果显示，Mg、Al、Mn、Fe、Cu、Zn、As、Ba、Pb 的含量在不同年际间存在显著差异（$p<0.05$）；Ca、Sr、Mo 和 Cd 的含量在不同年际间差异不显著。土壤中相同元素的含量在不同年际间存在显著差异（$p<0.05$），可能是由于栽培措施引起的。

4. 各因素对小麦籽粒样品中矿质元素含量变异的影响

利用多因素方差分析一般线性模型，将变异来源列为地域（R）、基因型（G）、年际（Y）及其交互作用（R×G、R×Y、G×Y、R×G×Y），解析地域、基因型、年际及其交互作用对小麦矿质元素含量变异的影响。结果显示，Mg、Mn、Fe、Cu、Zn、As、Mo、Cd、Ba 受所有因素的显著影响（$p<0.05$）。Sr 含量受到除基因型×年际因素以外的各因素的显著影响（$p<0.05$），Al 含量受到地域、年际和二者交互作用的显著影响（$p<0.05$），Ca 含量受到除地域×基因型×年际以外的其他因素的显著影响（$p<0.05$）。通过计算各因素对其含量变异的方差与总变异方差的比值，解析各影响因素对每种矿质元素含量变异的贡献率见表 3-12。地域对 Mn、Sr、Mo、Cd 含量变异贡献率最大；基因型对 Ba 含量变异贡献率最大；年际对 Mg、Al、Ca、Fe、Cu、Zn、As 含量变异贡献率最大；误差对 Pb 含量变异贡献率最大，可能是由于 Pb 受污染或栽培措施等其他因素的影响。

表 3-12 各影响因素对元素含量变异的方差贡献率

元素	方差贡献率（%）							
	R	Y	G	R × Y	R × G	G × Y	R × G × Y	误差
Mg	9.6	**33.7**	16.5	3.7	4.8	5.6	6.6	15.1
Al	9.7	**29.7**	1.5	9.6	5.4	4.7	3.4	26.6
Ca	5.1	**66.3**	3.6	4.8	1.4	3.4	1.5	6.2
Mn	**34.2**	5.1	22.7	2.2	3.4	6.2	5.6	14.0
Fe	6.0	**56.9**	1.7	2.0	1.2	1.2	2.1	4.1
Cu	0.4	**56.8**	20.1	2.3	2.8	2.0	2.6	6.6
Zn	34.3	**36.6**	6.8	4.6	3.9	2.4	3.8	5.3
As	12.5	**51.5**	8.4	3.7	1.8	3.9	3.3	7.1
Sr	**39.6**	11.8	4.5	8.5	2.8	1.0	2.3	6.0
Mo	**35.0**	5.6	34.9	2.1	3.5	1.7	4.4	61.0
Cd	**78.8**	2.9	1.3	5.5	1.8	0.3	0.5	0.7
Ba	11.6	2.1	**27.3**	8.7	9.7	7.9	10.4	14.9
Pb	0.1	32.8	2.1	1.1	4.2	4.7	8.4	**43.1**

3.2.3 讨论

单因素方差分析结果显示，这 3 个地域来源的小麦籽粒样品中矿质元素含量有其各自的特征。这可能是由于不同地域的土壤条件、小麦生长期的气候条件（温度、降水量、日照时间）等因素的差异引起的（表 3-7 和表 3-8）。Laursen 等（2011）

研究发现，小麦中的 Ba 含量在不同地域间存在显著差异（$p<0.05$），这与本研究结果一致。不同地域土壤样品中矿质元素含量也有其各自的特征，可能是由于这 3 个试验点的土壤类型不同。赵县、辉县、杨凌的土壤类型分别是壤土、黏土、棕壤土。赵士鹏和金伦（1992）揭示中国土壤表层 Ca 背景值的区域分布规律：从东南、东北两个方向向西北，Ca 背景值的含量逐渐增加。郑春江等（1992）分析发现，中国表层土壤中 Mn 背景值的含量为西高东低。董旭辉和孙文舜（1991）分析发现，在河北省、河南省和陕西省 3 个省中，Fe 在陕西省土壤中环境背景值最高，在河北省土壤中环境背景值最低。这些结果与本研究结果相似。不同基因型样品间矿质元素含量也有其各自的特征。Rodríguez 等（2011）分析了加那利群岛 19 个小麦品种中 Ca、Mg、Cu、Zn、Mn 的含量，也发现这些元素含量在不同品种间差异显著（$p<0.05$）。

本节筛选出了分别与地域、基因型、年际因素密切相关的元素，部分结果与前人的研究相似。Peterson 等（1986）通过将 27 个小麦品种种植在 6 个地域的田间试验，分析了环境和基因型对小麦籽粒中 Mg、Ca、Mn、Fe 和 Zn 含量的影响。发现环境、基因型对元素均具有极显著影响（$p<0.01$）。环境对 Ca、Mn、Fe 和 Zn 含量的影响大于基因型。同时，前人发现环境（包括地域和年际）对小麦 Ca、Fe、Zn 含量变异贡献最大，年际对 Fe、Zn 含量的变异贡献大于地域（Gomez-Becerra et al.，2010；Morgounov et al.，2007）。Oury 等（2006）将不同的小麦品种种植在不同的地域，研究环境和基因型对小麦籽粒中 Mg 和 Zn 含量的影响。结果发现，环境和基因型对 Mg 和 Zn 含量均具有显著影响（$p<0.05$）。Zhang 等（2010）将 24 个小麦品种连续两年种植在 7 个不同的地域，分析环境、基因型及其交互作用对矿质元素 Zn、Mn、Cu、Ca 和 Mg 含量的影响，发现环境、基因型及其交互作用对矿质元素 Zn、Mn、Cu、Ca 和 Mg 含量均有显著影响（$p<0.05$）。Joshi 等（2010）研究发现，环境及环境×基因型对小麦籽粒中 Fe 和 Zn 含量的变异均有显著影响（$p<0.05$），年际因素对小麦籽粒矿质元素影响较大，主要源于年际间降水量、温度和日照时间等气候因子的变化。Sud 等（1995）发现年际天气变化显著影响绿茶中 Ca、Mg、Cu、Zn 和 Fe 的含量（$p<0.05$）。Oikeh 等（2004）发现年际是玉米中 Fe 和 Zn 含量变异的主要来源。

3.2.4　小结

矿质元素 Mn、Sr、Mo、Cd 含量与地域因素密切相关；矿质元素 Ba 含量与基因型密切相关；矿质元素 Mg、Al、Ca、Fe、Cu、Zn、As、Pb 含量与年际因素密切相关。矿质元素 Mn、Sr、Mo、Cd 是用于小麦产地溯源的较好指标。

第 4 章　产地环境对谷物产地溯源指纹信息的影响

稳定同位素和矿质元素指纹分析技术用于农产品产地溯源可行的前提是受地域因素的影响，不同地域的农产品中溯源指纹有其各自的特征。地域因素包括土壤、水文、气候、大气等，土壤、水是小麦籽粒中溯源指纹信息的主要来源。因此，进一步分析土壤、水稳定同位素及矿质元素对小麦籽粒矿质元素指纹信息的影响，对阐释农产品多元素指纹信息成因及矿质元素指纹产地溯源技术的应用具有重要的意义。土壤又分为不同剖面层，表层土壤中的某些元素含量不仅与背景土壤相关，还受栽培措施等因素的影响（Söderström，1998）。水又分为地下水、降水及土壤水，地下水和土壤水最终来自于降水，而降水中稳定性氢、氧同位素在作物生长期间存在波动，已筛选出的某些溯源指纹信息可能受栽培措施、季节性影响较大，进而会影响产地判别模型的稳定性。

稳定同位素指纹产地溯源研究中发现，稳定性氢、氧同位素在地域间判别能力较好，且具有很强的地域关联性，但其随季节变动较大。明确何种水体（降水、土壤水、地下水）与谷物稳定同位素关系密切，以及哪一个生长期与稳定氢同位素溯源指纹信息相关性最大，对于揭示及应用稳定同位素进行谷物产地溯源至关重要。稳定锶同位素同样具有很强的区域鉴别能力，然而土壤中锶的存在形式包括土壤总锶和有效态锶，农产品中锶同位素主要来源于哪部分锶，与土壤哪一剖面土壤锶相关性最强，这一问题的解答将为稳定锶同位素的进一步应用提供依据。

矿质元素溯源指纹研究过程中发现，在相同的土壤条件下，母质土壤中的元素组成和含量受栽培措施的影响较小。因此，研究不同剖面土壤分别对小麦籽粒多元素指纹信息的影响，母质土壤对表层土壤中元素指纹信息的影响；以及筛选出与当地母质土壤密切相关的矿质元素作为溯源指纹信息，对于理解农产品矿质元素指纹信息成因及建立稳定的产地判别模型十分重要。

目前已有一些关于表层土壤对小麦籽粒中矿质元素含量影响的研究（Karami et al.，2009；Adams et al.，2004；Zhao et al.，2004）。为进一步理解农产品多元素指纹信息成因，本章同样以小麦为谷物的代表，研究其中的溯源指纹信息与产地土壤、水样品之间的关系，分析不同剖面土壤中稳定锶同位素及矿质元素含量对小麦籽粒中指纹信息的影响，以及不同剖面土壤水、地下水和降水中稳定氢同位素与小麦籽粒中氢同位素指纹信息的关系，筛选出与母质土壤密切相关的多元素指纹。

4.1　产地环境对谷物稳定同位素指纹信息的影响

4.1.1　材料与方法

1. 仪器与试剂

本实验所用的仪器和试剂的主要信息见表 4-1 和表 4-2。

表 4-1　仪器的主要信息

仪器名称	型号	生产厂家
电热恒温鼓风干燥箱	DHG-9140A	上海一恒科学仪器有限公司
元素分析仪	vario PYRO cube	德国 Elementar 公司
超纯水机	Milli-Q	美国 Millipore 公司
1/10 000g 天平	BSA224S-CW	赛多利斯科学仪器（北京）有限公司
1/1 000g 天平	BSA323S-CW	赛多利斯科学仪器（北京）有限公司
行星式球磨仪	QM-3SP2	南京南大仪器有限公司
稳定同位素质谱仪	IsoPrime100	英国 IsoPrime 公司
电感耦合等离子体质谱	7700a	美国 Agilent 公司
热电离质谱	Isoprobe	英国 GV Instrument 公司

表 4-2　试剂的主要信息

试剂	级别/编号	生产厂家
石油醚	分析纯	国药集团化学试剂有限公司
浓硝酸	BV-III 级	北京化学试剂研究所
氢氟酸	BV-III 级	北京化学试剂研究所
硝酸铵	分析纯	国药集团化学试剂有限公司
锶特效树脂	50～100μm	美国 Eichrom 公司
稳定氢同位素标准物质	IAEA-CH-7	国际原子能机构
稳定氢同位素标准物质	乙酰苯胺	北京嘉德元素科技有限公司
小麦生物成分标准物质	GBW10011	国家标准物质研究中心
土壤生物成分标准物质	GBW07446	国家标准物质研究中心
锶同位素标准物质	NBS981	美国 NIST

2. 试验材料

小麦籽粒　选择 10 个小麦品种（衡 5229、邯 6172、衡观 35、新麦 18、西农 889、西农 979、小偃 22、周麦 16、周麦 18、郑麦 366），连续 5 年（2010/2011 年度、2011/2012 年度、2012/2013 年度、2013/2014 年度、2014/2015 年度）分别种植于河南省新乡市辉县、陕西省杨凌区及河北省石家庄市赵县 3 个试验点。每个地域 10 个小麦品种随机排列，每个小区面积 $10m^2$（1.25m×8m）。试验田按照当地小麦品种区域试验管理要求管理。

土壤样品　于 2013/2014 年度及 2014/2015 年度小麦的越冬期（12 月）、拔节期（3 月）及收获期（6 月）在 3 个试验站采集小麦田地的土壤。

水样品　于小麦成熟期在 3 个试验站采集降水及地下灌溉水。

各试验站地理特征、小麦生长期及种植期间气象信息参见表 2-4 和表 2-5。

3. 试验方法

（1）采样方法

小麦籽粒　选择 3 个小麦品种（衡 5229、邯 6172 和周麦 16），连续 3 年（2012 年、2013 年、2014 年）分别种植于河南省新乡市辉县、陕西省杨凌区及河北省石家庄市赵县 3 个试验点。收获期在每个试验点每个小区随机选择 3 个点作为重复，每点收割 $1m^2$。

土壤样品　于 3 个试验站的小麦不同生育期（越冬期、拔节期及收获期）内分 3 次采集。每个试验站选取 3 个小麦品种（邯 6172、衡 5229 和周麦 16）种植地点的土壤；分 3 个剖面（分别为 0～20cm、20～40cm 和 40～60cm）采集土壤样品，将各点相同剖面的土壤进行混合，作为一个分析样本。将用于氢同位素检测的土样迅速置于 8ml 小瓶中，用封口膜包裹，然后置于冷冻保存箱中。采用真空蒸馏的方法提取土壤水备用。

地下灌溉水　于 3 个试验站的小麦成熟期采集。取样容器经预处理（酸洗），取样时用原样水洗 3～5 次，重要样品取双样（或取备份样）；对于较长时间未开采的井，需在开泵 30～45min 后取样，开采井水样在抽取 3～5min 后，再取水样；采样时标签上注明取样时间、地点等信息标签，采用防水双标签记载。

降水　成熟期（6 月）每次降雨后，将在室外盛雨器中收集的降水倒入储存瓶，月底将历次降水混合，装入已编号的水样瓶中。所有容器预先用酸浸洗，水样采集后置于 4℃密封保存。

（2）样品前处理

氢同位素检测样品　小麦前处理方法参见第 2 章 2.1.1 节，水样品用 0.45μm

滤膜过滤。

锶同位素检测样品　小麦样品前处理方法参见第 2 章 2.1.1 节。

土壤样品　挑出石子、杂草等杂质，自然风干；用球磨仪碾碎，过 200 目筛。准确称取 0.1g 放入 Teflon 消解管中，加入 7ml 硝酸、1ml 氢氟酸，进行微波消解，土壤样品微波消解程序见表 4-3。

表 4-3　土壤样品矿质元素微波消解程序

阶段	最大功率（W）	升温时间（min）	保持温度（℃）	保持时间（min）
1	1600	10	120	4
2	1600	8	160	4
3	1600	5	185	25

微波消解完毕，加入 1ml 高氯酸放至电热板上赶酸至近干，加入 100ml 超纯水定容。

土壤提取物　为了测定土壤中有效态锶部分，将 20g 土壤和 50ml 1mol/L 的 NH_4NO_3 溶液加入烧瓶中，在室温下以 20r/min 振摇 2 小时，然后静置 1 小时。萃取结束时，将溶液用 0.45μm 滤膜过滤到 50ml 聚四氟乙烯瓶中，并储存，用于化学分离。

水样品　样品带回实验室后用 0.45μm 滤膜过滤后，加硝酸酸化保存，测定 Sr 含量及稳定同位素比值。

（3）稳定同位素测定

稳定氢、锶同位素测定方法参见第 2 章 2.1.1 节。

（4）数据处理及质量控制

用 SPSS 18.0 软件分别对数据进行单因素方差分析、Duncan 多重比较分析及 Pearson 相关性分析。

4.1.2　结果与分析

1. 小麦稳定氢同位素指纹信息与产地环境的关系

（1）小麦籽粒样品稳定氢同位素在不同地域间的组成特征

对同一年际不同地域间的小麦籽粒样品稳定氢同位素进行分析的结果（表 4-4）。表明，同一年际的小麦籽粒氢同位素在不同地域间均有显著差异。其中，赵县小麦籽粒样品 δ^2H 值低于另外两个地域，其平均值范围在–75.17‰～–58.33‰。

表 4-4　同一年际不同地域小麦籽粒 δ^2H 值组成特征　（‰）

年度	辉县	杨凌	赵县
2010/2011	−65.43±6.37 A	−65.90±6.46 A	−74.07±6.40 B
2011/2012	−61.95±4.67 B	−56.30±6.57 A	−65.50±5.02 B
2012/2013	−71.86±3.59 B	−61.33±6.75 A	−75.17±3.85 B
2013/2014	−55.30±4.77 B	−48.60±4.03 A	−59.59±1.84 B
2014/2015	−52.73±2.78 A	−50.24±1.91 A	−58.33±3.04 B

注：表格中数值为平均值±标准差；同一行不同大写字母间差异极显著（p<0.01）

（2）小麦产地土壤水中稳定氢同位素在不同地域间的组成特征

3 个地域土壤水样的 δ^2H 值列于表 4-5 中。0～20cm 深度的土壤水 δ^2H 值在 3 个区域之间有显著差异。此外，不同土层深度之间土壤水 δ^2H 值也具有显著差异。其中，辉县、杨凌和赵县的冬季（越冬期）0～20cm 与 40～60cm 深度土壤水 δ^2H 值的差异分别为 6.4‰、9.1‰和 6.3‰，而夏季（成熟期）这 3 个地域 0～20cm 与 40～60cm 深度土壤水 δ^2H 值的差异分别为 22.4‰、32.8‰和 12.8‰。在冬季，辉县、杨凌和赵县深度 0～20cm 与 20～40cm 土壤水 δ^2H 值的差异分别为 9.0‰、11.47‰和 7.5‰，夏季分别为 20.0‰、22.4‰和 13.6‰。分析结果表明，土壤水存在由地表蒸发引起的氢同位素富集的现象，夏季的影响比冬季显著。

表 4-5　同一土层深度土壤水 δ^2H 值在不同地域的差异分析

生育期	年度	土层深度	辉县	杨凌	赵县
越冬期	2013/2014	0～20cm	−53.5±4.3 B	−48.2±1.0 A	−54.4±1.1 B
		20～40cm	−68.3±3.5 A	−60.7±7.1 A	−62.7±12.2 A
		40～60cm	−66.3±4.2 A	−66.0±5.0 A	−60.5±2.1 A
	2014/2015	0～20cm	−62.2±1.8 A	−78.4±3.4 B	−59.0±3.6 A
		20～40cm	−65.5±2.8 A	−88.9±3.0 B	−70.2±1.0 A
		40～60cm	−62.3±6.3 A	−78.9±4.6 B	−70.0±1.8 A
拔节期	2013/2014	0～20cm	−55.2±10.7 B	−34.1±6.8 A	−62.3±5.7 B
		20～40cm	−67.6±10.4 B	−35.0±8.6 A	−68.7±5.3 B
		40～60cm	−72.7±4.2 B	−41.9±11.6 A	−64.7±4.6 B
	2014/2015	0～20cm	−24.1±5.6 A	−28.9±1.2 A	−44.8±11.1 B
		20～40cm	−58.9±4.4 B	−40.1±9.1 A	−64.1±0.5 B
		40～60cm	−59.1±4.0 A	−62.85±1.7 A	−64.1±1.5 A
成熟期	2013/2014	0～20cm	−54.7±8.8 B	−27.4±4.2 A	−63.7±5.0 B
		20～40cm	−68.8±0.3 B	−44.1±4.5 A	−75.4±6.9 B
		40～60cm	−68.5±7.5 A	−59.3±7.5 A	−71.1±1.2 A
	2014/2015	0～20cm	−27.8±0.4 A	−37.0±7.1 A	−59.0±3.6 B
		20～40cm	−50.3±9.2 A	−65.05±7.4 A	−74.7±7.6 B
		40～60cm	−55.3±5.6 A	−70.7±5.3 B	−77.1±2.3 B

注：表格中数值为平均值±标准差；同一行不同大写字母间差异极显著（p<0.01）

（3）同一地域同一层土壤水在不同生育期的差异分析

图 4-1 显示了每个土壤深度不同生育期土壤水 δ^2H 值的变化特征。在不同小麦生长期内，辉县 20～60cm 深度土壤水中 δ^2H 值在不同生育期无显著差异，赵县 0～40cm 深度土壤水 δ^2H 值在不同生育期无显著差异，杨凌每个深度的土壤水 δ^2H 值在 3 个生长阶段之间存在显著差异，表明赵县和辉县土壤水 δ^2H 值在不同季节较为稳定。

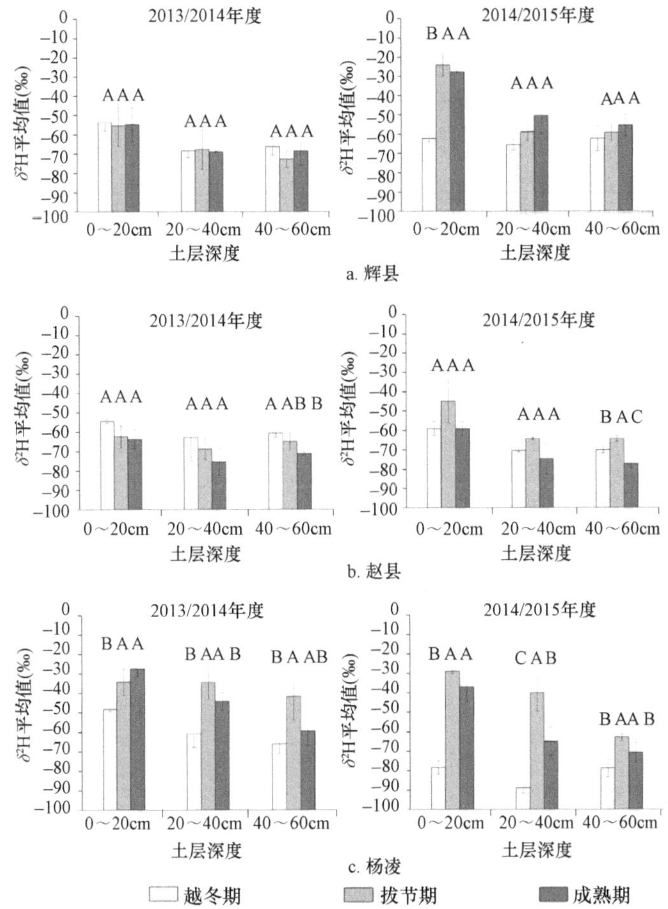

图 4-1　同一地域同一层土壤水 δ^2H 值在不同生育期之间的差异分析

每组柱子内不同字母表示在相同土壤深度不同生长期之间差异极显著（p<0.01）

（4）小麦与土壤水中稳定氢同位素的相关性分析

采用 Pearson 相关性分析及线性回归分析得到全麦粉与各层土壤水 δ^2H 值的相关系数及线性回归方程，研究结果与脱脂小麦数据一致，全麦粉与表层土壤水

（0～20cm 深度）δ^2H 值相关性最大，且线性拟合效果较高（R^2=0.702）。为排除脂肪含量差异对 δ^2H 值的影响，进一步分析脱脂小麦与土壤水 δ^2H 值的关系。Pearson 相关性分析结果表明，越冬期土壤水与脱脂小麦中氢同位素无显著相关，而拔节期和成熟期 0～40cm 深度土壤水与脱脂小麦有极显著正相关（表 4-6）。对成熟期 0～20cm 深度土壤水和脱脂小麦进行线性拟合（图 4-2），拟合效果较好（$p<0.01$）。

表 4-6 脱脂小麦与不同生育期（越冬期、拔节期和成熟期）土壤水中 δ^2H 值的相关性分析

土壤剖面	生育期	土壤水（0～20cm 深度）	土壤水（20～40cm 深度）	土壤水（40～60cm 深度）
土壤水（土层深度 20～40cm）	越冬期	0.773**		
	拔节期	0.547*		
	成熟期	0.820**		
土壤水（土层深度 40～60cm）	越冬期	0.621**	0.820**	
	拔节期	0.436	0.793**	
	成熟期	0.675**	0.676**	
脱脂小麦样品	越冬期	–0.046	–0.238	–0.374
	拔节期	0.622**	0.685**	0.425
	成熟期	0.816**	0.634**	0.276

*表示显著相关（$p<0.05$）；**表示极显著相关（$p<0.01$），本章下同

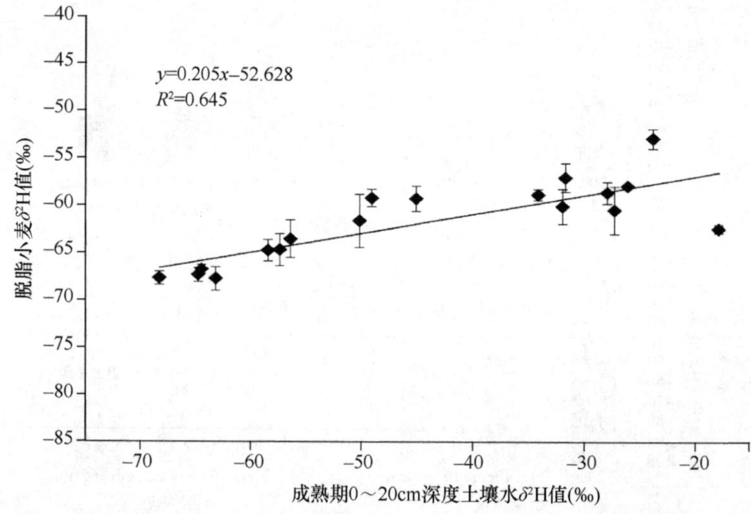

图 4-2 成熟期 0～20cm 深度土壤水与脱脂小麦中氢同位素的线性拟合

（5）土壤水、降水及地下水对小麦稳定氢同位素指纹信息的影响

为了研究小麦中 δ^2H 值的可能来源，对环境样品雨水和地下水进行了分析，如图 4-3 所示。研究发现，脱脂小麦 δ^2H 值在 3 个地域的变化趋势与土壤水和降水中 δ^2H 值的变化趋势一致，与地下水中的 δ^2H 值不同，表明降水对土壤水中 δ^2H 值的变化贡献超过地下水对 δ^2H 值的变化贡献。

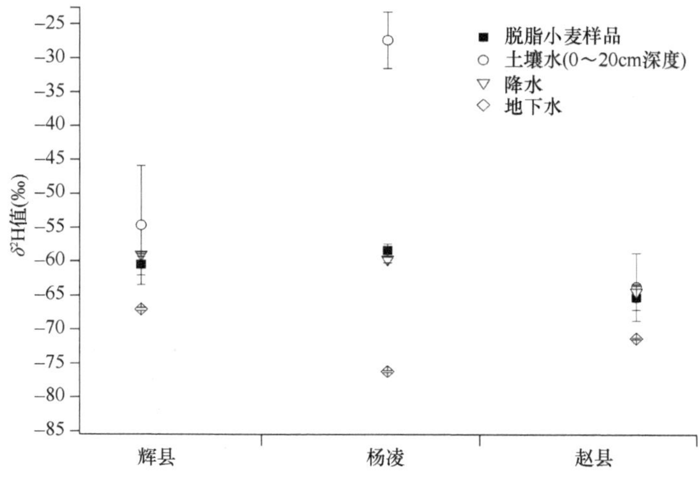

图 4-3　脱脂小麦样品、土壤水、降水和地下水中的氢同位素

2. 小麦稳定锶同位素指纹信息与产地环境的关系

（1）小麦籽粒样品锶同位素比值在不同地域间的组成特征

对同一年际不同地域间小麦籽粒样品稳定锶同位素进行分析的结果（表 4-7）表明，同一年际的小麦籽粒样品锶同位素在不同地域间均有显著差异（$p<0.05$）。其中，赵县的小麦籽粒样品 $^{87}Sr/^{86}Sr$ 比值显著高于另外两个地域（$p<0.05$）。

表 4-7　同一年际不同地域小麦籽粒锶同位素组成特征

年度	辉县	杨凌	赵县
2013/2014	0.7108±0.0003 c	0.7114±0.0006 b	0.7122±0.0002 a
2014/2015	0.7113±0.0004 b	0.7114±0.0000 b	0.7123±0.0004 a

注：表格中数值为平均值±标准差；同一行不同小写字母间差异显著（$p<0.05$），本章下同

（2）土壤锶同位素比值在不同地域间的组成特征

3 个地域土壤样品中 $^{87}Sr/^{86}Sr$ 比值在不同地域间的差异分析列于表 4-8 和表 4-9 中。结果表明，每层土壤总锶同位素表现为辉县最高，赵县最低。不同土壤深度之间，辉县和杨凌土壤锶同位素由表层（0～20cm）到深层（40～60cm）逐渐增大，而赵县土壤锶同位素的变化趋势与前两者相反（表 4-8）。与此同时，每层土壤有效态锶同位素在不同地域间也有极显著差异，且赵县最高，辉县次之，杨凌最低。不同土壤深度之间，除杨凌外，3 个地域土壤有效态 $^{87}Sr/^{86}Sr$ 比值均表现为由表层到深层逐渐增大的趋势（表 4-9）。

表 4-8 土壤样品总锶同位素在不同地域的组成特征

剖面	辉县	杨凌	赵县
0～20cm	0.716 82±0.000 16 a	0.715 93±0.000 07 b	0.715 81±0.000 09 b
20～40cm	0.716 94±0.000 16 a	0.716 06±0.000 01 b	0.715 53±0.000 28 c
40～60cm	0.717 30±0.000 14 a	0.716 22±0.000 26 b	0.715 48±0.000 24 c

表 4-9 土壤样品有效态锶同位素在不同地域的组成特征

剖面	辉县	杨凌	赵县
0～20cm	0.711 69±0.000 21 b	0.711 60±0.000 22 b	0.712 79±0.000 07 a
20～40cm	0.711 92±0.000 23 b	0.711 59±0.000 13 c	0.713 01±0.000 05 a
40～60cm	0.712 08±0.000 24 b	0.711 68±0.000 10 c	0.713 10±0.000 06 a

（3）小麦与土壤中稳定锶同位素比值的相关性分析

Pearson 相关性分析的结果表明，小麦籽粒样品中的 $^{87}Sr/^{86}Sr$ 比值与每个深度土壤提取液中的 $^{87}Sr/^{86}Sr$ 比值具有显著正相关，3 个不同深度土壤样品提取物中 $^{87}Sr/^{86}Sr$ 比值相互之间也具有极显著相关（$p<0.01$）（表 4-10）。通过比较相关系数，发现小麦籽粒样品 $^{87}Sr/^{86}Sr$ 比值与 0～20cm 深度处的土壤提取液相关性最大。

表 4-10 小麦籽粒与土壤提取液中 $^{87}Sr/^{86}Sr$ 比值的相关性系数

土壤剖面	土壤提取液（0～20cm）	土壤提取液（20～40cm）	土壤提取液（40～60cm）
土壤提取液（20～40cm）	0.909**		
土壤提取液（40～60cm）	0.897**	0.975**	
小麦籽粒样品	0.736**	0.631**	0.585*

（4）土壤、降水、地下水对小麦稳定锶同位素指纹信息的影响

为研究小麦籽粒样品 $^{87}Sr/^{86}Sr$ 比值的可能来源，进一步分析了地下水及降水中 $^{87}Sr/^{86}Sr$ 比值（图 4-4）。结果表明，土壤中总锶 $^{87}Sr/^{86}Sr$ 比值最高，其次是土壤提取液。辉县、杨凌和赵县地下水 $^{87}Sr/^{86}Sr$ 比值分别为 0.711 51、0.711 18 和 0.712 92。

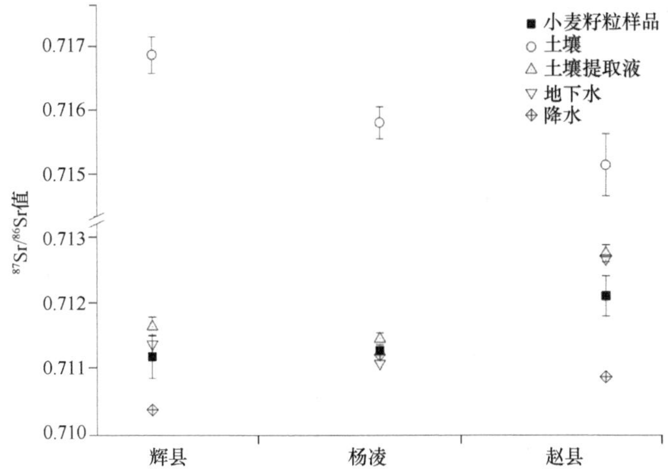

图 4-4　小麦籽粒样品、土壤、土壤提取液、地下水和降水中的锶同位素比值

来自 3 个地域的小麦籽粒样品、土壤提取液（有效态锶）和地下水样品的 $^{87}Sr/^{86}Sr$ 比值呈现出相同的变化趋势：杨凌<辉县<赵县。地下水和土壤提取液中的 $^{87}Sr/^{86}Sr$ 比值接近于小麦籽粒样品中的比例，表明土壤风化产物和地下水对 3 个产地小麦样品中 $^{87}Sr/^{86}Sr$ 比值的变异贡献最大。

4.1.3　讨论

土壤水从 20～40cm 深度到表层（0～20cm 深度）发生同位素富集现象，这是由于土壤的直接蒸发导致剩余水中 δ^2H 值部分的富集（Zimmermann et al.，1967），这种差异（$\delta^2H_{0\sim20cm}$–$\delta^2H_{20\sim40cm}$）夏季大于冬季，表明随着温度的升高，富集更为严重，该结果与前人研究结果一致（Shen et al.，2015）。此外，杨凌每个土壤深度的土壤水 δ^2H 值也在不同生长阶段/季节之间变化，Yano 等（2006）也发现了类似的结果。杨凌试验田因为只有雨水供给，土壤水主要反映当地降水中 δ^2H 值的状态。杨凌气候属温带大陆性气候，昼夜温差大，降水集中，四季分明，导致 3 个生长阶段土壤水分的 δ^2H 值有显著差异（p<0.05）。杨凌土壤水中较高的 δ^2H 值可以从两个方面进行解释，一方面，局部降水的 δ^2H 值较高；另一方面，该地区小麦没有地下水灌溉，而往往地下水具有较低的 δ^2H 值。然而，辉县和赵县的土壤水反映了降水和地下水二者的 δ^2H 值特征，较低 δ^2H 值的地下水灌溉导致土壤水中 δ^2H 值相对稳定或降低，因为地下水中氢同位素相对恒定（Máguas and Griffiths，2003）。脱脂小麦的 δ^2H 值与成熟期土壤水中 20cm 深度以上的 δ^2H 值呈极显著相关（R^2=0.645，p<0.01）。赵县的冬小麦主要利用 40cm 深度以上的

土壤水分（Zhang et al.，2011）。前人研究发现，水稻主要利用10cm深度以上的土壤水分（Shen et al.，2015）；夏玉米在山西省成熟期利用浅层土壤水分（0～20cm深度，69%～76%）（Wang et al.，2010）。这可以解释为，冬小麦大部分根系集中在40cm深度土壤处（Zhang et al.，2004）。成熟期脱脂小麦、降水和土壤水中的δ^2H值在3个地域之间的变化趋势一致。原因可以从两个方面来解释，一方面，小麦可能利用最近的夏季降水，因为辉县及赵县两个试验地点均属于温带季风性气候，年降水量2/3集中于夏季5～6月，4月之后的小麦生长期间不再灌溉，而杨凌地区始终未实施地下水供给，3个研究区域小麦成熟期的水分主要来自降水；另一方面，土壤水、地表水和地下水最初来自降水（Máguas and Griffiths，2003），降水会与土壤水发生交换，导致小麦、降水和土壤水具有类似的氢同位素组成。因此，成熟期深度为0～20cm的土壤水δ^2H值与小麦籽粒呈显著正相关（$p<0.05$），主要反映了当地降水中稳定同位素的信息。前人研究表明，脱脂羊肉和局部雨水之间的δ^2H值呈显著的线性关系[（r=0.66，p=0.04）（Perini et al.，2009）和（r=0.72，$p<0.01$）（孙淑敏等，2011）]。

土壤中^{87}Sr/^{86}Sr比值与岩石年龄和Rb/Sr比值有关（Kelly et al.，2005）。辉县、杨凌、赵县3个产地的地质类型分别为下-中更新统、第四纪上更新统和全新统，岩石年龄：辉县>杨凌>赵县，土壤中总的^{87}Sr/^{86}Sr比值也表现出同样的趋势，即岩石年龄与^{87}Sr/^{86}Sr比值成正比，这是由于^{87}Sr是由^{87}Rb衰变而成，年代越久，^{87}Sr值越大。相对于小麦籽粒样品中的锶同位素组成，土壤样品中锶同位素在年际间无显著差异，表明土壤锶同位素更为稳定。此外，辉县和杨凌不同层土壤总锶中，^{87}Sr/^{86}Sr比值由表层到深层逐渐增高，赵县的趋势则相反，这可能与不同的地质背景和淋溶过程有关。然而，土壤提取液中^{87}Sr/^{86}Sr比值与土壤中^{87}Sr/^{86}Sr比值差异较大，且二者在3个地域间变化趋势不一致，但前者与小麦籽粒中^{87}Sr/^{86}Sr比值有较强的相关性，这是因为尽管植物和动物饲料中的锶同位素组成与水和土壤（岩石）的^{87}Sr/^{86}Sr比值特征有关（Baroni et al.，2015），小麦籽粒中^{87}Sr/^{86}Sr比值组成还受到其他锶来源（如地下水、降水、肥料等）的影响（Rummel et al.，2010；Sattouf et al.，2007；Vitòria et al.，2004），特别是在3个地域小麦施用的磷酸氢二铵肥料来自不同厂家和不同地区，而Sattouf等（2007）报道磷肥中^{87}Sr的天然丰度变化取决于它们产地的岩石磷酸盐，这些都对小麦籽粒中锶同位素指纹的形成产生较大影响。本研究发现，土壤提取液（NH_4NO_3提取）中的^{87}Sr/^{86}Sr比值与小麦籽粒样品中的锶同位素比值呈正相关，与前人报道相一致，土壤提取物中的^{87}Sr/^{86}Sr比值与芦笋（Swoboda et al.，2008）、小麦（Podio et al.，2013）和葡萄汁（Durante et al.，2013）中的^{87}Sr/^{86}Sr比值具有较好的相关性。本研究所列出的中国小麦籽粒^{87}Sr/^{86}Sr比值是第一次报道，样品中的^{87}Sr/^{86}Sr比值变幅为0.711～0.712。根据前人报道，中国

水稻样品的 $^{87}Sr/^{86}Sr$ 比值范围为 0.710～0.711（n=4）（Kawasaki et al., 2002）和 0.708～0.713（n=50）（Ariyama et al., 2012），与本研究结果类似。此外，Swoboda 等（2008）研究发现芦笋中锶同位素比值与 0～20cm 深度土壤 NH_4NO_3 提取液中的锶同位素具有较好的对应关系，本研究中的小麦也发现了同样的规律。然而，葡萄汁中锶同位素比值却与 40～60cm 深度土壤 NH_4NO_3 提取液中的锶同位素相关性最大（Petrini et al., 2015），分析原因可能是冬小麦根系主要集中在表层 0～20cm 深度，而葡萄根最发达的部位位于土壤深度 40～60cm（Petrini et al., 2015）。通过测定多类环境样品中的锶同位素组成特征，发现小麦籽粒锶同位素指纹主要受土壤和地下水的影响，降水对其影响较小，这一结果与前人研究一致。郑厚义等（2008）为研究植物营养元素来源，对贵州省龙里地区黄壤上生长的 12 种主要植物、土壤及大气降水的部分营养元素含量及锶同位素特征进行了分析，基于锶同位素组成的端元模型计算结果表明，除了苔藓、石松的营养元素主要来源于大气输入（降水）外，其他植物的营养元素主要来源于土壤风化。尽管本节发现小麦籽粒锶同位素与土壤有效态锶、地下水中的 $^{87}Sr/^{86}Sr$ 比值趋势一致，后期研究还需进一步细化二者的贡献大小。结合前三章结果发现，小麦籽粒锶同位素组成受到地域的显著影响，在年际之间有显著差异，而基因型对籽粒锶同位素没有显著影响，地域对小麦籽粒中的锶同位素变异贡献最大。与前三章轻质同位素（$\delta^{13}C$ 值、$\delta^{15}N$ 值、$\delta^{2}H$ 值）的研究结果相对比，发现地域对小麦锶同位素变异贡献较其他 3 类同位素大，地质背景和土壤锶同位素组成可能是小麦锶同位素变异的主要影响因素。

4.1.4　小结

小麦成熟期 0～20cm 深度土壤水与小麦籽粒氢同位素相关性最大，降水对小麦籽粒 $\delta^{2}H$ 值影响较大，地下水对其影响较小。小麦土壤 0～20cm 深度 NH_4NO_3 提取液（有效态锶）中的 $^{87}Sr/^{86}Sr$ 比值与小麦籽粒相关性最大；地下水中的 Sr 对小麦籽粒 $^{87}Sr/^{86}Sr$ 比值影响较大，而降水对其影响较小。

4.2　产地环境对谷物矿质元素指纹信息的影响

4.2.1　材料与方法

1. 仪器与试剂

本试验所用仪器与试剂的主要信息见表 2-10 和表 2-11。

2. 试验材料

从河北省石家庄市、河南省新乡市和安阳市的农户大田直接采集2009/2010年度小麦样品及相应的土壤样品。分别选择各市的主产县，每个县选主产乡（镇），每个乡（镇）选在该乡（镇）内种植面积最大的主栽品种。具体采样情况见表4-11。

表4-11 小麦样品采样情况信息表

地域	样品数量（个）	品种（样品数量，个）	北纬	东经	生长期平均温度（℃）	生长期总降水量（mm）
河北省	29	石新828（15）、衡观35（6）、良星99（6）、矮抗58（2）	37°45′～38°10′	114°46′～115°13′	8.5	11.9
河南省	32	矮抗58（18）、周麦16（8）、衡观35（3）、西农979（3）	35°03′～36°07′	113°48′～114°22′	10.0	13.4

3. 试验方法

（1）采样方法

小麦籽粒　选代表性农户，于收获期在其田间随机选择3个点，每个点收割$1m^2$（1m×1m），将3个点的样品混合作为一个分析样本。

土壤样品　收割小麦的地点中心作为土壤采样点，分别采集0～20cm和20～40cm深度的土壤样品。将各点相同深度的土壤样品混合，作为一个分析样本。由于小麦田的耕作深度一般为20cm，所以，本研究将20～40cm的土壤作为母质土壤。

（2）样品预处理方法

将收割的小麦晒干后脱粒，每个小麦样品称取100g，挑出其中的石子、杂草等杂质；反复用去离子水冲洗干净，然后用烘箱将样品烘干；用旋风磨将其粉碎。挑出土壤样品中的石子、杂草等杂质，自然风干；用球磨仪碾碎，过200目筛备用。

1）ICP-MS测定前样品消解

全麦粉样品消解方法　准确称取样品0.2g放入25ml专用溶样罐中；先用少量水润湿，轻轻振动使样品均匀；加入15ml 70%的硝酸，盖上专用溶样罐盖，在低温电热板上200℃加热24小时溶解；待样品分解后，打开溶样罐，在低温电热板上加热蒸至近干后，用4%的硝酸提取至10ml容量瓶中，摇匀后备用。

土壤样品消解方法　准确称取0.05g样品，放入25ml专用溶样罐中；先用少量水润湿，轻轻振动使样品均匀；分别加入3ml 40%的氢氟酸、1ml 70%的硝酸、

5 滴 70%的高氯酸；盖上专用溶样罐盖，在低温电热板上 200℃加热 48小时溶解；待样品分解后，打开溶样罐，在低温电热板上加热蒸至近干后，用 4%的硝酸提取至 50ml 容量瓶中，摇匀后备用。

采用相同的消解方法消解小麦和土壤标准物质。

2）X射线荧光光谱仪测定前样品压片

使用压片机在 25MPa 的压力下，将约 6g 的土壤样品压为直径为 6mm 的圆片，大约持续 25s。采用相同的压片方法处理土壤标准物质。

（3）元素含量测定

依据《电感耦合等离子体质谱仪分析方法通则》（DZ/T 0223—2001），利用 ICP-MS 测定小麦籽粒中 Li、Be、Na、Mg、Al、Ca、Sc、Ti、V、Cr、Mn、Fe、Co、Ni、Cu、Zn、Ga、Rb、Ge、Se、Sr、Y、Zr、Nb、Mo、Cd、In、Sn、Sb、Te、Cs、Ba、La、Ce、Pr、Nd、Sm、Eu、Gd、Tb、Dy、Ho、Er、Tm、Yb、Lu、Hf、Ta、W、Re、Tl、Pb、Bi、Th 和 U 55 种元素的含量。仪器工作条件及参数：射频功率为 1321W，冷却气流量为 13.88L/min，样品气流量为 0.524L/min，辅助气流量为 0.98L/min，雾化室温度为室温。

依据《电感耦合等离子体质谱仪分析方法通则》（DZ/T 0223—2001），利用 ICP-MS 测定土壤中 Li、Be、Sc、V、Cr、Co、Ni、Cu、Zn、Ga、Rb、Ge、Se、Sr、Y、Zr、Nb、Mo、Cd、In、Sn、Sb、Te、Cs、Ba、La、Ce、Pr、Nd、Sm、Eu、Gd、Tb、Dy、Ho、Er、Tm、Yb、Lu、Hf、Ta、W、Re、Tl、Pb、Bi、Th 和 U 48 种元素的含量；参考《硅酸盐岩石化学分析方法　X 射线荧光光谱法测定主、次元素量》（GB/T 14506.28—1993），利用 X 射线荧光光谱法测定土壤中 Na、Mg、Al、Ca、Ti、Mn 和 Fe 7 种元素的含量。

采用相同的方法测定小麦和土壤标准物质中的元素含量。标准物质中各种元素的回收率均大于 90%。

（4）数据处理方法

用 SPSS 18.0 软件对数据分别进行单因素方差分析和 Pearson 相关性分析。

4.2.2　结果与分析

1. 不同地域小麦籽粒中矿质元素含量的特征分析

对于小麦籽粒样品，Be、Ge、Nb、In、Te、Pr、Sm、Gd、Tb、Dy、Ho、Er、Tm、Yb、Lu、Hf、Ta、Re、Tl、Bi 20 种矿质元素在 2/3 样品中的含量均低于检测限，不予分析。分析土壤样品中矿质元素含量的目的是为了研究土壤中矿质元素含量对小麦籽粒中元素指纹信息的影响。虽然土壤样品中这 20 种矿质元素的含量高于检测限，在本节中也不予分析。

不同地域小麦籽粒中矿质元素含量见表 4-12。对不同地域小麦籽粒中矿质元素含量进行方差分析。结果显示，Mg、Al、Ti、Mn、Ga、Se、Rb、Sr、Y、Zr、Mo、Sn、Sb、Ba、Pb平均含量在两省之间存在极显著差异（$p<0.01$）；Na、Cr、Co、La、Ce平均含量在两省之间存在显著差异（$p<0.05$）；Li、Ca、Sc、V、Fe、Ni、Cu、Zn、Cd、Cs、Nd、Eu、W、Th、U 的平均含量在两省之间差异不显著。两个省的小麦籽粒中矿质元素含量有其各自的特征。

表 4-12　不同地域小麦和土壤样品中矿质元素含量　　（单位：μg/g）

矿质元素	河北省			河南省		
	小麦籽粒	表层土壤	母质土壤	小麦籽粒	表层土壤	母质土壤
Li	0.041±0.035	30.0±2.8	28.1±4.8	0.034±0.018	33.2±7.8	32.7±7.1
Na	27.6±4.6	14 389±1 870	10 248±2 521	25.3±2.8	11 981±2 253	7 768±1 515
Mg	1663±118	12 130±881	13 502±1 390	1431±155	13 719±5 462	14 094±2 934
Al	4.58±1.28	63 218±3 050	70 888±3 071	6.83±3.26	59 706±6 718	67 984±6 947
Ca	508±71	26 446±7 011	33 752±9 351	482±46	37 708±14 564	51 091±29 278
Sc	0.09±0.04	10.8±1.0	10.6±1.0	0.074±0.023	10.5±1.4	10.9±1.6
Ti	10.1±1.3	3 784±207	4 279±311	9.1±0.99	3 827±361	4 251±461
V	0.035±0.009	83.3±8.3	81.7±7.5	0.032±0.01	76.3±12.0	80.6±11.1
Cr	5.03±0.72	68.1±14.1	77.3±18.1	4.59±0.66	58.6±8.2	69.1±6.67
Mn	39.4±4.2	564±52	624±50	31.6±3.7	532±62	608±71
Fe	19.3±5.18	30 684±3 644	35 688±2 682	18.6±8.6	27 978±3 998	33 569±4 493
Co	0.012±0.003	12.7±1.8	12.5±1.1	0.011±0.003	12.2±1.8	12.1±2.0
Ni	0.298±0.233	28.8±3.1	28.7±3.0	0.430±0.412	29.4±4.3	29.2±3.8
Cu	4.85±0.8	26.6±3.5	25.4±3.5	4.69±0.91	28.6±4.9	26.6±5.1
Zn	26.8±4.5	72.5±10.4	60.5±7.2	29.4±5.9	73.2±16.7	63.3±10
Ga	0.091±0.008	12.8±1.3	15.4±1.1	0.083±0.008	12.1±1.5	14.8±1.9
Se	0.015±0.005	0.415±0.129	0.163±0.057	0.009±0.004	0.496±0.146	0.195±0.05
Rb	7.23±3.06	90.0±4.6	95.9±5.7	5.39±1.68	85.2±14.3	94.7±13.5
Sr	7.66±1.6	207±16	199±23	6.01±1.1	194±32	183±28
Y	0.002±0.001	24.9±1.5	23.3±3.1	0.003±0.001	24.9±2.1	25.1±3.4
Zr	0.009±0.002	183±16	210±42	0.015±0.008	183±34	224±38
Mo	0.697±0.122	0.594±0.131	1.10±0.58	0.536±0.123	0.608±0.217	4.50±6.87
Cd	0.025±0.011	0.185±0.055	0.113±0.029	0.054±0.087	0.287±0.357	0.163±0.076
Sn	0.037±0.054	2.90±0.52	2.79±0.73	0.129±0.098	3.17±0.78	3.28±0.86

续表

矿质元素	河北省			河南省		
	小麦籽粒	表层土壤	母质土壤	小麦籽粒	表层土壤	母质土壤
Sb	0.002±0.001	1.03±0.20	0.926±0.231	0.003±0.001	1.67±1.25	1.09±0.24
Cs	0.012±0.006	5.07±0.48	5.07±1.0	0.01±0.004	5.60±1.16	6.02±1.4
Ba	4.11±1.32	568±79	521±63	3.26±0.61	496±60	482±54
La	0.004±0.001	36.6±3.2	34.1±3.6	0.005±0.003	36.7±3.8	35.2±4.0
Ce	0.007±0.003	70.0±7.8	63.9±6.2	0.009±0.004	69.1±8.0	67.1±7.4
Nd	0.003±0.002	32.2±3.5	29.4±2.9	0.004±0.002	31.9±4.1	30.6±3.6
Eu	0.001±0.000	1.33±0.15	1.19±0.08	0.001±0.000	1.18±0.22	1.24±0.16
W	0.096±0.075	1.63±0.28	2.33±0.70	0.190±0.290	1.77±0.34	2.51±0.48
Pb	0.08±0.02	21.5±3.96	22±2.9	0.251±0.11	24.7±5.7	24.7 ±4.2
Th	0.004±0.009	11.5±1.1	10.9±1.3	0.003±0.002	11.2±2.1	11.2±1.7
U	0.004±0.002	2.25±0.23	2.16±0.46	0.007±0.012	2.32±0.32	2.34±0.34

2. 不同地域土壤（表层、母质）中矿质元素含量的特征分析

不同地域土壤（表层土壤：0～20cm 深度；母质土壤：20～40cm 深度）样品中矿质元素含量见表 4-12。对不同地域表层土壤中矿质元素含量进行方差分析。结果显示，Na、Ca、Cr、Fe、Sb、Ba、Eu平均含量在两省之间存在极显著差异（$p<0.01$）；Li、Al、V、Mn、Se、Sr、Cs、Pb平均含量在两省之间存在显著差异（$p<0.05$）；Mg、Sc、Ti、Co、Ni、Cu、Zn、Ga、Rb、Y、Zr、Mo、Cd、Sn、La、Ce、Nd、W、Th、U平均含量在不同地域间差异不显著。对不同省份母质土壤中矿质元素含量进行方差分析。结果显示，Li、Na、Ca、Cd、Sb、Cs、Pb平均含量在两省之间存在极显著差异（$p<0.01$）； Al、Cr、Fe、Se、Sr、Y、Mo、Sn、Ba平均含量在两省之间存在显著差异（$p<0.05$）； Mg、Sc、Ti、V、Mn、Co、Ni、Cu、Zn、Ga、Rb、Zr、La、Ce、Nd、Eu、W、Th、U平均含量在不同省份间差异不显著。对不同深度土壤样品中的矿质元素含量进行方差分析。结果显示，Na、Al、Ca、Ti、Cr、Mn、Fe、Zn、Ga、Se、Rb、Zr、Mo、Cd、Sb、La、Ce、Nd、W平均含量在不同深度土壤样品之间存在极显著差异（$p<0.01$）；Cu、Ba平均含量在不同深度土壤样品之间存在显著差异（$p<0.05$）；Li、Mg、Sc、V、Co、Ni、Sr、Y、Sn、Cs、Eu、Pb、Th、U平均含量在不同深度土壤样品之间差异不显著。这 2 个省母质土壤中矿质元素含量存在显著差异（$p<0.05$），说明这 2 个省土壤地质存在差异。不同深度土壤样品间矿质元素含量也存在差异，说明栽培措施影响表层土壤中元素的含量。

3. 土壤矿质元素含量对小麦籽粒矿质元素含量的影响

一些元素（如Na、Al、Cr、Mn、Se、Sr、Sb、Ba、Pb等）的含量在不同省份的小麦籽粒、表层和母质土壤间均存在显著差异（$p<0.05$）；一些元素（如Sc、Ni、Cu、Zn、Nd、W、Th、U等）的含量在不同省份的小麦籽粒、表层和母质土壤间均无显著差异。说明土壤中矿质元素含量可能影响小麦籽粒中矿质元素的含量。为了进一步说明土壤矿质元素含量对小麦籽粒中矿质元素含量的影响，分别对表层土壤和小麦籽粒、母质土壤和小麦籽粒、母质土壤和表层土壤中矿质元素含量进行Pearson相关分析，结果见表4-13。Mn、Rb、Sr、Cd平均含量在小麦籽粒与表层土壤间呈极显著正相关（$p<0.01$）；Cr和Ga平均含量在小麦籽粒和表层土壤间呈显著正相关（$p<0.05$）；Zr含量在小麦籽粒和表层土壤间呈显著负相关（$p<0.05$）。说明小麦籽粒中Cr、Mn、Ga、Rb、Sr、Cd平均含量随着表层土壤中相应元素含量的增加而增加，增加程度大小的顺序依次为Cd>Mn>Sr>Rb>Ga>Cr；而Zr的平均含量随着表层土壤中该元素含量的增加而减少。Mn、Cd、Ba平均含量在小麦籽粒和母质土壤间呈极显著正相关（$p<0.01$）；Sn平均含量在小麦籽粒和母质土壤间呈显著正相关（$p<0.05$）；Na平均含量在小麦籽粒和母质土壤间呈极显著负相关（$p<0.01$）。说明小麦籽粒中Mn、Cd、Sn、Ba平均含量随着母质土壤中相应元素含量的增加而增加，增加程度大小的顺序依次为Cd>Ba>Mn>Sn；而Na的平均含量随着母质土壤中该元素含量的增加而减少。除元素Se、Mo、W在表层土壤和母质土壤间相关性不显著外，其他元素均显著相关。本研究说明，表层土壤中元素Se、Mo、W的含量主要受栽培措施的影响。

表4-13 样品间的相关系数

元素	相关系数		
	小麦籽粒与表层土壤	小麦籽粒与母质土壤	表层土壤与母质土壤
Li	–0.116	–0.143	0.863**
Na	0.197	–0.416**	–0.386**
Mg	–0.115	–0.119	0.816**
Al	–0.251	–0.177	0.871**
Ca	–0.230	–0.244	0.984**
Sc	0.107	–0.085	0.449**
Ti	0.169	–0.041	0.614**
V	–0.055	–0.153	0.562**
Cr	0.310*	0.226	0.597**
Mn	0.394**	0.344**	0.657**
Fe	0.131	0.049	0.753**
Co	0.152	0.121	0.616**
Ni	–0.015	0.033	0.419**

续表

元素	相关系数		
	小麦籽粒与表层土壤	小麦籽粒与母质土壤	表层土壤与母质土壤
Cu	0.098	–0.082	0.550**
Zn	0.113	0.049	0.456**
Ga	0.322*	0.266	0.743**
Se	–0.163	0.192	0.232
Rb	0.345**	0.195	0.838**
Sr	0.371**	0.073	0.754**
Y	0.007	0.042	0.377**
Zr	–0.256*	–0.043	0.367**
Mo	0.041	–0.041	0.247
Cd	0.936**	0.742**	0.702**
Sn	0.238	0.260*	0.624**
Sb	0.175	0.109	0.415**
Cs	0.047	–0.164	0.886**
Ba	0.248	0.445**	0.689**
La	–0.013	–0.099	0.441**
Ce	–0.068	–0.054	0.302*
Nd	0.019	–0.168	0.305*
Eu	0.113	–0.150	0.345**
W	–0.145	0.210	–0.240
Pb	0.213	0.200	0.636**
Th	–0.043	0.097	0.456**
U	–0.123	–0.010	0.613**

*、**分别表示元素含量在样品间显著相关（$p<0.05$）、极显著相关（$p<0.01$）

4. 不同地域小麦籽粒中与土壤密切相关的矿质元素含量的主成分分析

为了初步检验小麦籽粒中与土壤密切相关的矿质元素对产地的鉴别效果，分别对不同地域的小麦籽粒样品中与表层土壤和母质土壤密切相关的矿质元素进行了主成分分析。前 3 个主成分的载荷图如图 4-5 所示。由小麦籽粒与表层土壤密切相关的矿质元素的载荷图（图 4-5a）可知，第 1主成分（32.8%）主要综合了 Rb、Ga、Mn 的信息；第 2 主成分（19.2%）主要综合了 Cr、Cd 和 Zr 的信息；第 3 主成分（15.2%）主要代表了 Sr 的信息。利用小麦籽粒中与表层土壤中密切相关的矿质元素的第 1、第 3 主成分得分作图如图 4-6a所示。由小麦籽粒与母质土壤密切相关的矿质元素的载荷图（图 4-5b）可知，第 1主成分（32.8%）

主要综合了 Mn 和 Ba 的信息；第 2主成分（19.2%）主要综合了 Na 和 Sn 的信息；第 3主成分（15.2%）主要代表了 Cd 的信息。利用小麦籽粒与母质土壤密切相关的矿质元素的第 1、第 2 主成分得分作图如图 4-6b 所示。由图 4-6 可知，不同省份的样品间虽然有交叉，但大多数可被较好地加以区分。

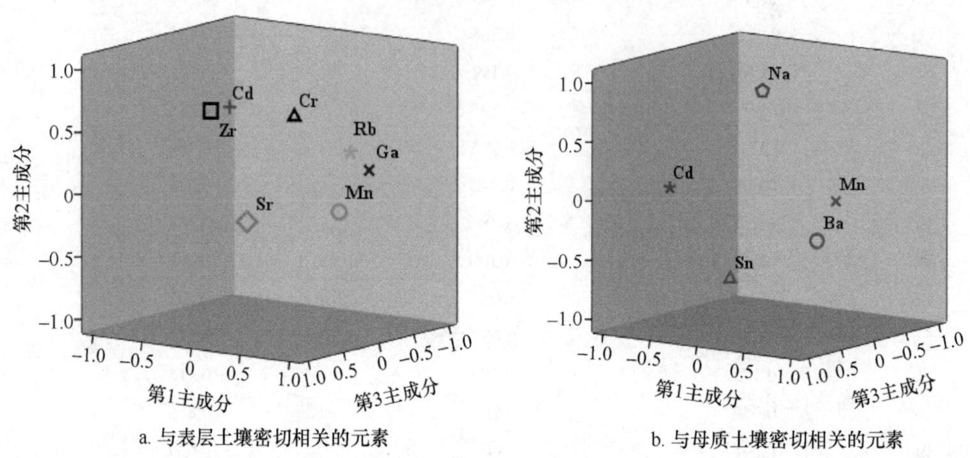

图 4-5　前 3 个主成分载荷图

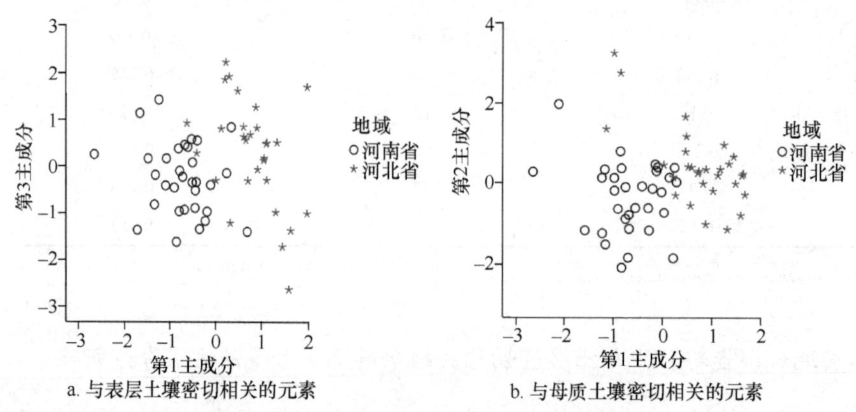

图 4-6　不同产地小麦主成分得分图

5. 不同地域小麦籽粒中与土壤密切相关的矿质元素含量的判别分析

主成分分析的结果说明，与土壤密切相关的矿质元素携带不同省份小麦籽粒特征信息，可以用于鉴别小麦的产地。为了进一步研究小麦籽粒中与表层土壤和母质土壤密切相关的矿质元素对产地的判别效果，分别利用这些元素进行判别分析。样本被随机分为两组，41 个样本作为训练集，建立模型；20 个样本作为测试集，检验已建模型的有效性。利用小麦籽粒中与表层土壤密切相关的矿质元素建

立的判别模型如下

河北省=–119.3+7.44Cr+0.70Mn+1356Ga–0.41Rb+6.42Sr+196.1Zr–22.8Cd

河南省=–92.4+5.87Cr+0.36Mn+1345Ga–0.72Rb+5.41Sr+339.2Zr–9.05Cd

利用此模型判别测试集样品，对河北省和河南省样品产地的正确判别率分别为 88.9%、100%。说明利用这 7 种矿质元素建立的判别模型对产地的判别效果较好。

利用小麦籽粒中与母质土壤密切相关的矿质元素建立的判别模型如下

河北省=–156–16.8Cd+4.44Ba+2.77Mn+6.73Na+59.9Sn

河南省=–127–10.3Cd+3.31Ba+2.27Mn+6.38Na+76.8Sn

利用此模型判别测试集样品，对河北省和河南省样品产地的正确判别率分别为 90.9%和 100%。说明这 5 种元素携带足够的信息可鉴别不同省份小麦样品的产地。

4.2.3　讨论

Pearson 相关性分析结果表明，表层土壤中 Cr、Mn、Ga、Rb、Sr、Zr、Cd 含量影响小麦籽粒中相应元素的吸收；而表层土壤中其他元素的含量对小麦籽粒中相应元素的吸收的影响则不显著。这些结果与前人的部分研究结果一致。Eriksson 和 Söderström（1996）发现生长在瑞典南部非钙质土壤中的小麦籽粒中的 Cd 浓度与土壤中总 Cd 浓度呈正相关。Adams 等（2004）发现土壤中 Cd 含量与籽粒中的 Cd 含量显著相关（r=0.57，p<0.05）。Cankur 等（1999）研究了土耳其土壤与小麦籽粒中痕量元素含量的关系，发现小麦籽粒中 Ca、Sc、Fe、Co、Zn、La、Ce、Th、U 含量与土壤中相应元素总含量无关；Se 主要来源是人类活动。Karami 等（2009）研究发现，大田中冬小麦籽粒 Fe 和 Cu 浓度与土壤中总 Fe 和总 Cu 浓度无关。Nan 等（2002）分析发现小麦籽粒中的 Cd 含量与表层土壤中的总 Cd 含量显著相关（r=0.721，p<0.05）；而小麦籽粒中 Pb、Zn 和 Cu 含量与表层土壤中相应元素总含量相关性不显著。Zhao 等（2004）于 1998～2000 年在英国采集了 162 对小麦籽粒和土壤样品，分析了样品中的 Pb 含量。发现小麦籽粒中的 Pb 含量与土壤中的总 Pb 含量相关性不显著。对于小麦籽粒与表层土壤中其他元素含量间的关系，或小麦籽粒与深层土壤中元素含量间关系的研究，还未见报道。

一些元素（如 Mg、Ti、Co、Ga、Y、Zr、Mo、Sn、La、Ce）在不同省份小麦籽粒间含量存在显著差异（p<0.05），而在表层土壤中差异不显著；一些元素（如 Li、Ca、V、Fe、Eu、Cs）在不同省份小麦籽粒间含量差异不显著，而在表层土壤中差异显著。这一结果可以解释 35 种矿质元素中仅有 7 种矿质元素含量在小麦籽粒和表层土壤中显著相关。可能是由于小麦籽粒中的矿质元素含量不仅与土壤相关，还受基因型、气候条件等因素的影响（Jamali et al.，2008；Husted et al.，

2004；Puschenreiter and Horak，2000；Shumana and Wang，1997；Wenzel et al.，1996）。第 3 章也证明了小麦籽粒中矿质元素含量受地域、基因型、年际等因素影响显著。河北省是温带大陆性季风气候，而河南省属于北亚热带至暖温带过渡区。两个省的气候条件不同，这可能影响小麦对矿质元素的吸收。两个省采集的品种也不尽相同，也可能影响小麦对矿质元素的吸收效率。

小麦籽粒中矿质元素含量与表层土壤和母质土壤中矿质元素含量的相关性不尽相同，可能由于表层土壤中的矿质元素受栽培措施的影响。主成分分析和判别分析的结果表明，不论是与表层土壤密切相关的矿质元素，还是与母质土壤密切相关的矿质元素，均可以较好地鉴别小麦的产地；与母质土壤密切相关的矿质元素鉴别小麦产地效果更好。小麦籽粒中 Na、Mn、Cd、Sn、Ba 含量与母质土壤中相应元素含量显著相关，说明这 5 种矿质元素携带地域中母质土壤的信息，作为产地溯源指纹信息较为可靠。

由于本研究中的样品仅来自于河北省和河南省，采样数量和范围有限，筛选出的用于产地溯源的指纹信息还需要今后扩大采样范围和采样数量进行验证。

4.2.4 小结

小麦籽粒中 Cr、Mn、Ga、Rb、Sr、Zr、Cd 与表层土壤中相应元素的总含量显著相关；Na、Mn、Cd、Sn、Ba 与母质土壤中相应元素的总含量显著相关；Na、Mn、Cd、Sn、Ba 是小麦矿质元素产地鉴别较为可靠的指纹信息指标。

第 5 章　谷物制粉产品产地多元素指纹溯源的可行性

稳定同位素和矿质元素是用于小麦等谷物产地溯源的有效指标。研究小麦及其制粉产品中稳定同位素和矿质元素的组成特征及其在地域间、基因型间的变化规律，有助于扩大溯源指纹技术的应用范围，可为小麦等谷物产地溯源及其产业链追溯提供理论和技术支撑。目前，用于小麦产地溯源研究的样品主要是全麦粉，Branch 等（2003）测定了来自美国、加拿大和欧洲小麦全麦粉中的矿质元素（Cd、Se）含量与稳定同位素组成（δ^{13}C 值、δ^{15}N 值、^{208}Pb/^{206}Pb、^{207}Pb/^{206}Pb 和 ^{87}Sr/^{86}Sr 比值），发现单独使用 δ^{13}C 值可完全区分 3 个不同地域的小麦样品。Luo 等（2015c）测定来自澳大利亚、美国、加拿大、中国江苏省和山东省的 35 份全麦粉样品，发现 δ^{13}C 值在不同地域间具有显著差异（$p<0.05$），利用 δ^{13}C 值、δ^{15}N 值绘制的二维分布图，能够明显区分不同地域间样品。全麦粉是由小麦籽粒粉碎制成，其稳定同位素和矿质元素表征籽粒中各种成分同位素的权重。小麦的主要消费途径是制成面粉，该过程还产生麸皮和次粉两类制粉产品。前人研究表明，矿质元素溯源指纹在麸皮、次粉和面粉间具有显著差异（Tang et al.，2008），但不同制粉产品中溯源指纹在地域间及基因型间的表现与全谷物是否一致还未知。因此，本章重点解析不同地域、不同基因型和不同制粉产品中稳定同位素及矿质元素溯源指纹的差异特征，明确全麦粉与制粉产品中溯源指纹的关系，旨在为小麦等谷物及其相关产品的产地溯源提供理论依据。

5.1　稳定同位素指纹对小麦制粉产品产地溯源的可行性

5.1.1　材料与方法

1. 主要仪器及试剂

本试验所用仪器与试剂的主要信息见表 2-1 和表 2-2。

2. 试验材料

2014 年选择 3 种小麦基因型（邯 6172、衡 5229、周麦 16），分别种植于河北省石家庄赵县、河南省新乡市辉县和陕西省杨凌区 3 个试验点。每个地域 3 个基因型随机排列，每个小区面积 10m^2。试验田按照当地小麦品种区域试验管理要求管理。赵县小麦施用尿素和磷酸二铵，辉县小麦施用复合肥，杨凌小麦施用尿素和磷酸二铵。2015 年收获期在每个试验点每个小区随机选择 3 个点作为重复，每点收割 1m^2，共采集小麦样品 27 份。采样点地理位置及小麦生长期平均温度、总降水量及日照时间信息见表 2-4 和表 2-5。

3. 试验方法

（1）采样方法

收获期在每个试验点每个小区随机选择 3 个点作为重复，每点收割 1m^2，2015 年 3 个试验站共采集小麦籽粒样品 27 份。

（2）样品前处理

将收获后小麦进行晾晒，手工脱粒，然后将小麦籽粒运往实验室进行前处理。挑出小麦籽粒内石子、杂草等杂物，用去离子水反复冲洗干净，38℃烘箱内约 24 小时烘干至恒重。烘干样品用植物粉碎机粉碎，过 100 目筛，得到全麦粉样品 27 份。

称取 300g 小麦籽粒样品，进行润麦。添加超纯水（Milli-Q，Millipore，USA），调整衡 5229 和周麦 16 小麦含水率到 14.5%，调整邯 6172 小麦含水率到 15%，润麦时间 24 小时。采用实验性制粉机（LRMM8040-3-D，中国无锡锡粮机械制造有限公司）配合粉筛（LFS-30，中国无锡锡粮机械制造有限公司）分离小麦麸皮、次粉与面粉。麸皮和次粉样品用植物粉碎机粉碎，过 100 目筛，得到小麦制粉产品样品 81 份。

（3）样品测定

稳定同位素样品测定方法参见第 2 章 2.1.1 节“3. 试验方法”。

（4）数据处理

用 SPSS 18.0 软件分别对数据进行单因素方差分析、Duncan 多重比较分析、Pearson 相关性分析和判别分析。

5.1.2 结果与分析

1. 稳定同位素指纹在小麦不同制粉产品间的差异分析

图 5-1 表示全麦粉与制粉产品中稳定碳、氮、氢同位素分布，以及单因素方差分析多重比较结果。其中全麦粉稳定碳同位素处于中间，平均值为–28.24‰，变幅为–28.90‰～–27.44‰；面粉稳定碳同位素最高，平均值为–28.07‰，变幅为

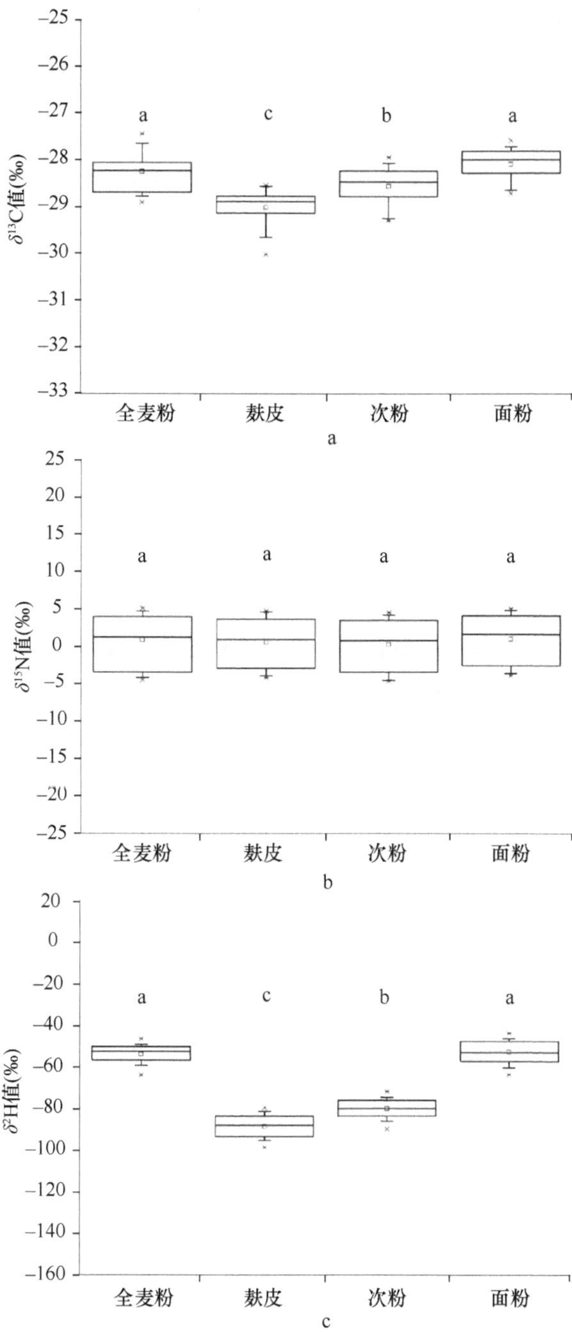

图 5-1　全麦粉及制粉产品中稳定碳（a）、氮（b）、氢（c）同位素组成特征

各小图中不同字母表示差异显著（$p<0.05$）

–28.71‰～–27.57‰；麸皮稳定碳同位素最低，平均值为–29.02‰，变幅为–30.02‰～–28.54‰。全麦粉、次粉及麸皮中稳定碳同位素存在显著差异（p<0.05），其中麸皮和次粉中稳定碳同位素相对贫化。尽管全麦粉与面粉中稳定碳同位素无显著差异，但面粉中稳定碳同位素平均值高于全麦粉，略显富集（图 5-1a）。

稳定氮同位素在不同制粉产品间无显著差异。全麦粉、麸皮、次粉及面粉的稳定氮同位素变幅分别为–4.50‰～5.15‰、–4.20‰～4.79‰、–4.66‰～4.56‰及–3.92‰～5.10‰（图 5-1b）。

稳定氢同位素在全麦粉、次粉、麸皮之间也存在显著差异（p<0.05），全麦粉与面粉中稳定氢同位素无显著差异。其中，面粉稳定氢同位素最高，平均值为–52.60‰，变幅为–63.72‰～–43.60‰；麸皮稳定氢同位素最低，平均值为–88.70‰，变幅为–98.64‰～–79.49‰；全麦粉稳定氢同位素处于中间，平均值为–53.77‰，变幅为–63.93‰～–46.36‰（图 5-1c）。

2. 小麦及制粉产品中稳定同位素在地域间的差异分析

通过对不同地域全麦粉及不同制粉产品中稳定碳、氮、氢同位素进行单因素方差分析，结果表明，全麦粉及不同制粉产品中稳定碳、氢同位素在赵县与辉县、赵县与杨凌间有显著差异（p<0.05），稳定氮同位素在不同地域间有显著差异（p<0.05）（表 5-1）。各类样品中稳定碳、氢同位素在不同地域间变化趋势基本一致，基本为杨凌最高，赵县最低；各类样品中稳定氮同位素在地域间变化趋势也一致，均为辉县>赵县>杨凌。小麦中稳定氮同位素值与当地使用肥料的种类有一定关系，辉县施用复合肥［δ^{15}N 值=（4.39±0.41）‰］，杨凌施用尿素［δ^{15}N 值=（–6.89±0.03）‰］和磷酸二铵［δ^{15}N 值=（–3.34±0.07）‰］，赵县施用尿素［δ^{15}N 值=（–0.47±0.00）‰］和磷酸二铵［δ^{15}N 值=（1.54±0.04）‰］。

表 5-1　不同地域全麦粉及不同制粉产品中的稳定碳、氮、氢同位素组成

稳定同位素	制粉产品	辉县	杨凌	赵县
δ^{13}C 值	全麦粉	–28.17±0.22 a	–27.96±0.33 a	–28.60±0.25 b
	麸皮	–28.87±0.11 a	–28.78±0.19 a	–29.41±0.40 b
	次粉	–28.39±0.36 a	–28.35±0.30 a	–28.92±0.39 b
	面粉	–28.00±0.15 a	–27.87±0.22 a	–28.35±0.39 b
δ^{15}N 值	全麦粉	4.42±0.50 a	–3.83±0.46 c	1.38±0.65 b
	麸皮	4.03±0.52 a	–3.46±0.63 c	0.99±0.98 b
	次粉	3.83±0.46 a	–3.91±0.63 c	0.86±0.86 b
	面粉	4.45±0.42 a	–3.15±0.54 c	1.63±1.06 b
δ^{2}H 值	全麦粉	–52.73±2.78 a	–50.24±1.91 a	–58.33±3.04 b
	麸皮	–86.34±3.11 a	–85.42±5.32 a	–94.34±2.03 b
	次粉	–77.73±2.89 a	–77.53±3.33 a	–85.10±2.87 b
	面粉	–49.28±3.27 a	–49.96±4.17 a	–59.31±2.42 b

注：表格中的数值为平均值±标准偏差；同一行不同小写字母间差异显著（p＜0.05），本章下同

3. 小麦及制粉产品中稳定同位素在基因型间的差异分析

通过对不同基因型的全麦粉及不同制粉产品中稳定碳、氮、氢同位素进行单因素方差分析，结果表明，全麦粉、麸皮和面粉中稳定碳同位素在 3 种基因型间无显著差异，次粉中稳定碳同位素在基因型邯 6172 和衡 5229 之间有显著差异（$p<0.05$）；全麦粉及不同制粉产品中稳定氮同位素在不同基因间均无显著差异；全麦粉、麸皮中稳定氢同位素在 3 种基因型间无显著差异，而次粉、面粉在基因型邯 6172 和衡 5229 之间存在显著差异（$p<0.05$）（表 5-2）。

表 5-2　不同基因型全麦粉及不同制粉产品中的碳、氮氢同位素

稳定同位素	制粉产品	邯 6172	衡 5229	周麦 16
δ^{13}C 值	全麦粉	−28.12±0.14 a	−28.41±0.34 a	−28.21±0.56 a
	麸皮	−28.89±0.10 a	−29.12±0.38 a	−29.04±0.56 a
	次粉	−28.16±0.51 a	−28.82±0.29 b	−28.54±0.50 ab
	面粉	−27.86±0.15 a	−28.21±0.31 a	−28.16±0.44 a
δ^{15}N 值	全麦粉	0.58±3.28 a	0.44±3.60 a	0.15±5.53 a
	麸皮	0.30±3.15 a	0.32±2.81 a	0.93±3.92 a
	次粉	0.15±3.30 a	0.06±2.89 a	0.57±4.04 a
	面粉	0.88±3.24 a	0.69±2.92 a	1.33±3.94 a
δ^{2}H 值	全麦粉	−53.68±3.66 a	−55.81±4.61 a	−51.81±3.93 a
	麸皮	−87.18±6.05 a	−91.53±2.48 a	−87.38±6.31 a
	次粉	−78.04±5.20 a	−87.95±4.41 b	−79.38±2.93 ab
	面粉	−50.80±4.72 a	−56.55±4.19 b	−50.26±5.86 a

4. 地域、基因型及其交互作用对小麦稳定同位素指纹信息的影响

为比较各因素对小麦籽粒稳定同位素的影响及方差贡献，以地域（R）、基因型（G）及其交互作用（R×G）为固定变量，采用一般线性模型进行多因素方差分析，得到多因素方差分析表（表 5-3），表中数据为平均方差。结果表明，小麦每一种组分 δ^{13}C 值、δ^{15}N 值均受到地域（R）、基因型（G）和 R×G 的显著影响（$p<0.05$），小麦全麦粉、次粉、面粉的 δ^{2}H 值受到地域（R）、基因型（G）单一因素的显著影响（$p<0.05$），麸皮的 δ^{2}H 值受到地域×基因型的极显著影响（$p<0.01$）。通过比较每个因素对每种同位素变异的平均方差，发现地域对每一组分的 δ^{13}C 值、δ^{15}N 值和 δ^{2}H 值的变异贡献均最大。

表 5-3 地域、基因型及其交互作用对小麦组分碳、氮、氢同位素的多因素方差分析

稳定同位素	组分	地域	基因型	地域×基因型	误差
δ^{13}C 值	全麦粉	0.911**	0.186**	0.299**	0.021
	麸皮	1.033**	0.122**	0.323**	0.015
	次粉	0.897**	0.581**	0.165**	0.021
	面粉	0.458**	0.217**	0.292**	0.012
δ^{15}N 值	全麦粉	158.072**	0.514*	1.029**	0.119
	麸皮	127.472**	1.073**	2.565**	0.025
	次粉	137.004**	0.665**	2.279**	0.022
	面粉	132.702**	1.069**	2.595**	0.010
δ^{2}H 值	全麦粉	151.406**	36.124**	1.454	4.676
	麸皮	192.062**	53.763**	33.185**	5.066
	次粉	142.507**	58.513**	7.372	3.983
	面粉	246.287**	97.918**	4.459	3.052

*表示差异显著（$p<0.05$）；**表示差异极显著（$p<0.01$），本章下同

5. 小麦及制粉产品稳定碳、氮同位素的相关性分析

为了研究全麦粉与不同制粉产品中稳定碳、氮同位素的关系，采用 Pearson 相关性分析对数据进行分析（表 5-4）。结果表明，全麦粉与不同制粉产品中稳定碳、氮同位素均呈极显著正相关（$p<0.01$），3 类制粉产品之间稳定碳、氮同位素也呈极显著正相关（$p<0.01$）。

表 5-4 全麦粉及不同制粉产品中稳定碳、氮、氢同位素相关性分析系数

制粉产品	麸皮	次粉	面粉
次粉	0.839**		
	0.997**		
	0.749**		
面粉	0.877**	0.825**	
	0.997**	0.998**	
	0.830**	0.786**	
全麦粉	0.843**	0.845**	0.840**
	0.983**	0.988**	0.986**
	0.696**	0.633**	0.808**

6. 小麦组分稳定同位素指纹对小麦产地的鉴别效果

为了了解小麦不同组分稳定同位素对小麦产地的判别效果，分别利用各组分

$\delta^{13}C$ 值、$\delta^{15}N$ 值和 $\delta^{2}H$ 值建立线性判别模型，比较同一稳定同位素对不同组分及不同稳定同位素对同一组分的判别效果（表 5-5）。结果表明，$\delta^{15}N$ 值对全麦粉、制粉产品的判别能力均大于 $\delta^{13}C$ 值和 $\delta^{2}H$ 值。

表 5-5　稳定同位素对不同地域小麦制粉产品的判别分析结果　（%）

稳定同位素	小麦制粉产品	辉县	杨凌	赵县	整体
$\delta^{13}C$ 值	全麦粉	66.7	55.6	55.6	59.3
	麸皮	66.7	55.6	44.4	55.6
	次粉	77.8	55.6	66.7	66.7
	面粉	66.7	44.4	44.4	51.8
$\delta^{15}N$ 值	全麦粉	100	100	100	100
	麸皮	100	100	100	100
	次粉	100	100	100	100
	面粉	100	100	100	100
$\delta^{2}H$ 值	全麦粉	55.6	66.7	88.9	70.4
	麸皮	44.4	66.7	100	70.4
	次粉	66.7	44.4	100	70.4
	面粉	55.6	66.7	88.9	70.4

5.1.3　讨论

前人研究表明，小麦籽粒氮同位素在不同基因型间无显著差异，而小麦籽粒碳同位素受基因型影响显著（$p<0.05$）（Liu et al.，2015；Araus et al.，2013），并与植物本身的抗旱性和水分利用效率有关（林植芳等，2001）。而本研究中全麦粉、面粉及麸皮的碳同位素在不同基因型间无显著差异，可能是所选的 3 个小麦品种间稳定碳同位素本身差异较小所致。

在实际的制粉工艺中，麸皮、次粉和面粉中各组分含量因不同的润麦加水量、润麦时间、剥刮力度而略有不同。麦麸占小麦籽粒的 22%～25%，主要由果皮、种皮、糊粉层、少量胚和胚乳组成；次粉占小麦籽粒的 5%左右，其中胚乳高于麸皮、低于面粉，糊粉层的含量高于麸皮和面粉（郑学玲和李利民，2008；陈薇等，2007）；面粉主要由胚乳磨制而成，富含淀粉。本研究结果表明，制粉产品相对全麦粉稳定碳同位素产生不同程度的贫化或富集。其中，麸皮和次粉稳定碳同位素相对贫化，可能是由于二者相对面粉具有较多的纤维素和木质素的原因；另外，面粉中稳定碳同位素略显富集，主要由于面粉富含淀粉。前人研究表明淀粉中碳同位素高于木质素和纤维素中碳同位素值（Bowling et al.，2008），在本研究中得到证实。而同一品种小麦次粉中的纤维素、木质素和淀粉含量位于麸皮和面粉之间（Bowling et al.，2008），因此，其碳同位素值低于面粉，并高于麸皮。

氮同位素在动物不同组织间存在分馏效应。其中，蛋白质含量较高、脂肪含量较低的肌肉组织中氮同位素值较高，而脂肪含量较高的肝脏和肠组织中氮同位素值较低（Beltrán et al.，2009; Gaston and Suthers，2004）。Gaston 和 Suthers（2004）从澳大利亚 3 个地域、不同季节、不同点采集了鱼类样品、海洋颗粒有机物、水样、最终流出物及污水颗粒物，结果发现鱼肝脏中氮同位素均低于肌肉和鱼骨中氮同位素值；Beltrán 等（2009）发现虹鳟和海鲷各器官，以及各器官中蛋白质的碳、氮同位素组成特征，比较两种鱼不同器官中氮同位素值，均发现肌肉高于肝脏，且肌肉蛋白中的氮同位素值也高于肝脏中蛋白氮同位素。本研究中各类样品中稳定氮同位素无显著差异，可能是由于全麦粉与制粉产品中蛋白质含量差异较小，不足以引起稳定氮同位素在不同制粉产品间的显著差异。

此外，本研究发现小麦全麦粉和不同提取物中的 δ^2H 值具有显著差异。前人研究表明，若假设 C_3 植物的叶片水中 δ^2H 值=0，有机化合物的相对氘丰度平均值存在以下排序：氨基酸、有机酸（–50）> 木质素和其他苯丙素类（–90）> 碳水化合物（–110）> 散样（–120）> 蛋白质（–130）> 烃类（–140）> 可水解脂质（脂肪）（–180）> 叶绿醇、倍半萜烯（–330）（Schmidt et al.，2003）。本研究中，与脱脂小麦粉（主体材料）相比，^{2}H 在淀粉（碳水化合物）中稍微富集，在蛋白质和脂质中相对贫乏，结果与以上报道一致。对应于小麦磨粉产品，含淀粉较多的面粉 ^{2}H 较为富集，含粗纤维较多的麸皮具有较高的 δ^2H 值。尽管不同制粉产品与小麦全麦粉中 δ^2H 值具有显著差异，但各制粉产品与全麦粉同时存在极显著相关。因此，各制粉产品 δ^{13}C 值、δ^{15}N 值和麸皮中 δ^2H 值受地域、基因型和二者交互作用的显著影响，而全麦粉、次粉和面粉中的 δ^2H 值仅受地域、基因型单一因素的极显著影响（$p<0.01$）。

全麦粉及制粉产品中 δ^{13}C 值、δ^{15}N 值、δ^2H 值存在极显著相关，均具有地域特征，说明稳定同位素指纹分析可用于小麦及其制粉产品的产地溯源。今后可进一步研究小麦不同种类蛋白质、脂肪等同位素组成特征及其用于小麦产地溯源的可行性。

5.1.4 小结

小麦制粉产品与全麦粉中 δ^{13}C 值、δ^{15}N 值、δ^2H 值具有地域特征，且

变化趋势一致；不同小麦制粉产品间 $\delta^{13}C$ 值、$\delta^{2}H$ 值具有显著差异，$\delta^{15}N$ 值无显著差异；全麦粉与不同制粉产品 $\delta^{13}C$ 值、$\delta^{15}N$ 值、$\delta^{2}H$ 值相互之间呈极显著相关性。$\delta^{13}C$ 值、$\delta^{15}N$ 值、$\delta^{2}H$ 值指纹可用于小麦及其制粉产品的产地溯源。

5.2　矿质元素指纹对小麦制粉产品产地溯源的可行性

5.2.1　材料与方法

1. 主要仪器及试剂

本试验所用仪器与试剂的主要信息见表 2-10 和表 2-11。

2. 试验材料

同 5.1.1 节“2. 试验材料”。

3.　试验方法

（1）采样方法

同 5.1.1 节“3. 试验方法”。

（2）样品前处理

同 5.1.1 节“3. 试验方法”。
样品微波消解方法参见第 2 章 2.2.1 节“3. 试验方法”。

（3）样品测定

矿质元素样品测定方法参见第 2 章 2.2.1 节“3. 试验方法”。

（4）数据处理

用 SPSS 18.0 软件分别对数据进行单因素方差分析、Duncan 多重比较分析、Pearson 相关性分析和判别分析。

5.2.2　结果与分析

1. 矿质元素指纹在小麦不同制粉产品间的差异分析

不同制粉产品矿质元素含量见表 5-6。除 Mn、Cu、Zn、As、Cd 在麸皮和次粉间无显著差异以外，其他元素（Mg、Ca、Fe、Sr、Mo、Ba 和 Pb）在不同制粉产品间均有显著差异（$p<0.05$）。比较各制粉产品矿质元素含量的平均值，除 Mn、As 以外，其他元素均表现为麸皮、次粉、全麦粉、面粉逐渐降低的趋势。

表 5-6　不同制粉产品矿质元素含量　　（单位：μg/g）

元素	全麦粉	麸皮	次粉	面粉
Mg	1333±114 c	4897±620 a	3490±784 b	277±40 d
Ca	535±58 c	1351±142 a	1074±243 b	228±33 d
Mn	31.0±4.7 b	85.1±18.6 a	91.1±20.5 a	5.6±0.6 c
Fe	43.4±11.6 c	126.8±22.3 a	109.4±29.7 b	11.1±16.4 d
Cu	4.93±0.97 b	12.83±2.75 a	12.44±3.09 a	1.87±0.37 c
Zn	32.3±5.6 b	84.8±17.8 a	84.7±19.3 a	8.0±1.4 c
As	0.031±0.017 b	0.088±0.032 a	0.088±0.035 a	0.010±0.005 c
Sr	5.5±2.8 c	20.6±6.9 a	15.9±6.9 b	1.3±0.8 d
Mo	0.550±0.075 c	1.431±0.266 a	1.243±0.361 b	0.301±0.038 d
Cd	0.061±0.062 b	0.135±0.136 a	0.119±0.130 a	0.035±0.036 b
Ba	4.23±1.09 c	12.87±3.75 a	9.95±3.01 b	0.90±0.17 d
Pb	0.032±0.011 c	0.060±0.012 a	0.042±0.030 b	0.009±0.006 d

2. *矿质元素指纹在小麦不同地域间的差异分析*

不同地域间小麦制粉产品中矿质元素含量见表 5-7～表 5-10。全麦粉中，除了 Fe 和 Pb，其他矿质元素在不同地域间均存在显著差异（$p<0.05$）；麸皮中，除了 Mg、Fe 和 Pb，其他矿质元素在不同地域间均存在显著差异（$p<0.05$）；次粉中，除了 Mn 和 Fe，其他元素在地域间均存在显著差异（$p<0.05$）；面粉中，除了 Ca 和 Fe，其他矿质元素在地域间均存在显著差异（$p<0.05$）。由此发现，Fe 在每种组分的不同地域间均无显著差异。

表 5-7　不同地域全麦粉中矿质元素含量　　（单位：μg/g）

元素	辉县	杨凌	赵县
Mg	1328±72 ab	1268±93 b	1402±134 a
Ca	476±30 b	560±55 a	569±55 a
Mn	33.2±3.9 a	33.2±4.2 a	26.6±2.4 b
Fe	47.6±18.7 a	43.3±5.4 a	39.3±4.2 a
Cu	5.14±1.00 ab	4.33±0.79 b	5.31±0.90 a
Zn	36.8±3.6 a	26.2±2.51 b	34.0±3.9 a
As	0.024±0.002 b	0.018±0.003 b	0.052±0.011 a
Sr	3.7±0.3 b	3.6±0.6 b	9.2±1.4 a
Mo	0.514±0.055 b	0.545±0.099 ab	0.590±0.045 a
Cd	0.144±0.026 a	0.017±0.09 b	0.021±0.005 b
Ba	3.86±0.46 b	3.0±1.01 b	5.32±1.01 a
Pb	0.037±0.14 a	0.026±0.008 a	0.034±0.009 a

表 5-8　不同地域麸皮中矿质元素含量　（单位：μg/g）

元素	辉县	杨凌	赵县
Mg	5031±463 a	4620±822 a	5007±533 a
Ca	1234±68 b	1397±88 a	1425±167 a
Mn	94.6±19.0 a	85.2±19.1 ab	75.6±14.3 b
Fe	130.2±20.6 a	134.9±30.6 a	116.2±10.7 a
Cu	14.2±3.3 a	11.1±2.2 b	13.0±1.9 ab
Zn	101.4±13.9 a	67.5±11.1 c	83.6±8.6 b
As	0.073±0.010 b	0.062±0.008 b	0.125±0.024 a
Sr	16.6±1.7 b	16.0±3.3 b	28.7±4.8 a
Mo	1.331±0.138 b	1.326±0.358 b	1.623±0.167 a
Cd	0.298±0.034 a	0.067±0.111 b	0.032±0.004 b
Ba	11.6±1.6 b	10.9±2.8 b	15.9±4.4 a
Pb	0.067±0.014 a	0.057±0.013 a	0.057±0.007 a

表 5-9　不同地域次粉中矿质元素含量　（单位：μg/g）

元素	辉县	杨凌	赵县
Mg	3076±980 b	3479±616 ab	3914±514 a
Ca	843±291 b	1125±133 a	1224±50 a
Mn	82.2±26.0 a	101.3±15.8 a	89.8±15.1 a
Fe	103.8±41.5 a	115.0±24.3 a	109.5±21.8 a
Cu	11.4±4.0 b	11.5±2.0 b	14.4±2.1 a
Zn	86.5±28.9 ab	73.4±10.6 b	94.4±3.7 a
As	0.063±0.022 b	0.072±0.011 b	0.129±0.020 a
Sr	10.6±4.2 b	12.8±3.4 ab	24.3±2.1 a
Mo	1.005±0.309 b	1.271±0.379 ab	1.454±0.265 a
Cd	0.284±0.094 a	0.035±0.011 b	0.038±0.005 b
Ba	7.88±2.45 b	8.85±1.21 b	13.13±2.13 a
Pb	0.061±0.04 a	0.037±0.009 ab	0.029±0.004 b

表 5-10　不同地域面粉中矿质元素含量　（单位：μg/g）

元素	辉县	杨凌	赵县
Mg	258±40 b	259±23 b	313±27 a
Ca	220±47 a	235±29 a	231±21 a
Mn	5.9±0.5 a	5.9±0.5 a	5.1±0.5 b
Fe	7.5±1.0 a	8.3±1.8 a	17.4±28.3 a
Cu	1.9±0.3 ab	1.6±0.3 b	2.1±0.4 a
Zn	8.3±0.9 a	6.8±1.2 b	8.9±1.2 a
As	0.00±0.001 b	0.006±0.002 b	0.016±0.003 a
Sr	0.7±0.1 b	0. 9±0.2 b	2.4±0.3 a
Mo	0.265±0.016 c	0.300±0.033 b	0.339±0.013 a
Cd	0.082.017 a	0.010±0.04 b	0.013±0.012 b
Ba	0.83±0.09 b	0.77±0.09 b	1.11±0.10 a
Pb	0.007±0.003 b	0.009±0.007 b	0.010±0.007 a

3. 矿质元素指纹在小麦不同基因型间的差异分析

不同基因型间矿质元素含量见表 5-11～表 5-14。全麦粉中，Mg、Mn、Ca、Fe、Cu、Mo 和 Ba 在不同基因型间存在显著差异（$p<0.05$），其他矿质元素（Zn、As、Sr、Cd、Pb）在不同基因型间无显著差异；麸皮中，Mg、Mn、Fe、Cu、Mo、Ba 和 Pb 在不同基因型间存在显著差异（$p<0.05$），其他矿质元素（Ca、Zn、As、Sr 和 Cd）在不同基因型间无显著差异；次粉中，Mg、Mn、Fe、Cu、Mo 在不同基因型间存在显著差异（$p<0.05$），其他矿质元素（Ca、Zn、As、Sr、Cd、Ba 和 Pb）在不同基因型间无显著差异；面粉中，Mg、Ca、Mn、Cu 和 As 在不同基因型间存在显著差异（$p<0.05$），其他矿质元素 Fe、Zn、Sr、Mo、Cd、Ba 和 Pb 在不同基因型间无显著差异。

表 5-11　不同基因型全麦粉中矿质元素含量　（单位：μg/g）

元素	邯 6172	衡 5229	周麦 16
Mg	1354±83 a	1401±115 a	1243±84 b
Ca	535±65 ab	505±40 b	565±57 a
Mn	33.1±3.4 a	33.2±4.7 a	26.7±2.0 b
Fe	41.9±2.4 b	52.6±16.1 a	35.7±2.9 b
Cu	6.0±0.6 a	4.8±0.4 b	4.0±0.5 c
Zn	34.2±5.2 a	31.6±5.6 a	31.1±6.2 a
As	0.031±0.015 a	0.027±0.011 a	0036±0022 a
Sr	6.3±3.6 a	5.1±2.9 a	5.2±2.0 a
Mo	0.517±0.034 b	0.628±0.055 a	0.505±0.062 b
Cd	0.052±0.056 a	0.074±0.78 a	0.056±0.054 a
Ba	4.99±1.23 a	3.99±0.93 b	3.69±0.64 b
Pb	0.029±0.006 a	0.09±0.04 a	0.037±0.018 a

表 5-12　不同基因型麸皮中矿质元素含量　（单位：μg/g）

元素	邯 6172	衡 5229	周麦 16
Mg	5319±343 a	5223±210 a	4184±407 b
Ca	1418±207 a	1329±111 a	1302±30 a
Mn	97.3±11.2 a	96.1±10.2 a	63.1±6.1 b
Fe	135.0±11.7 a	142.6±24.4 a	104.6±4.8 b
Cu	15.3±2.4 a	13.2±0.7 b	10.0±1.2 c
Zn	93.5±21.0 a	80.8±7.4 a	79.7±19.1 a
As	0.087±0.030 a	0.080±0.015 a	0.095±0.045 a
Sr	21.8±9.8 a	21.4±5.0 a	18.7±4.9 a
Mo	1.378±0.174 b	1.695±0.228 a	1.248±0.189 b
Cd	0.115±0.130 a	0.188±0.161 a	0.108±0.121 a
Ba	15.819±4.352 a	13.012±1.276 a	9.798±1.807 b
Pb	0.067±0.010 a	0.065±0.012 a	0.048±0.005 b

表 5-13　不同基因型次粉中矿质元素含量　　　　（单位：μg/g）

元素	邯 6172	衡 5229	周麦 16
Mg	3027±977 b	4036±630 a	3406±247 ab
Ca	939±330 a	1085±216 a	1167±83 a
Mn	86.6±26.5 b	106.1±14.5 a	80.6±7.1 b
Fe	93.6±28.6 b	139.8±21.5 a	94.9±5.2 b
Cu	13.4±4.6 a	13.5±1.4 a	10.5±1.3 b
Zn	77.5±27.4 a	86.1±5.1 a	90.6±18.2 a
As	0.076±0.035 a	0.087±0.024 a	0.101±0.042 a
Sr	14.3±9.3 a	17.3±6.6 a	16.2±4.6 a
Mo	1.013±0.335 b	1.568±0.334 a	1.150±0.111 b
Cd	0.087±0.112 a	0.139±0.140 a	0.130±0.144 a
Ba	10.26±4.63 a	10.61±2.12 a	9.00±1.43 a
Pb	0.030±0.011 a	0.039±0.007 a	0.059±0.047 a

表 5-14　不同基因型面粉中矿质元素含量　　　　（单位：μg/g）

元素	邯 6172	衡 5229	周麦 16
Mg	243±37 b	307±31 a	280±24 a
Ca	241±37 a	198±16 b	240±21 a
Mn	5.3±0.6 b	5.6±0.3 ab	6.1±0.8 a
Fe	7.7±0.7 a	17.6±28.2 a	7.8±2.1 a
Cu	2.2±0.3 a	1.9±0.2 b	1.5±0.2 c
Zn	8.7±1.2 a	8.1±0.1 a	7.1±1.4 a
As	0.008±0.004 a	0.010±0.00 ab	0.011±0.007 b
Sr	1.4±1.0 a	1.3±0.6 a	1.2±0.7 a
Mo	0.295±0.025 a	0.317±0.045 a	0.291±0.039 a
Cd	0.031±0.034 a	0.047±0.044 a	0.027±0.030 a
Ba	0.97±0.20 a	0.81±0.6 a	0.92±0.14 a
Pb	0.008±0.004 a	0.008±0.005 a	0.011±0.008 a

4. 地域、基因型及其交互作用对小麦矿质元素指纹信息的影响

利用多因素方差分析一般线性模型，将变异来源列为地域（R）、基因型（G）及其交互作用（R×G），分析了地域、基因型及其交互作用对每一小麦制粉产品（包括全麦粉）矿质元素的影响（表 5-15），表中数据为平均方差。结果表明，全麦粉中 Fe 仅受基因型单一因素的极显著影响（$p<0.01$），Mg 受地域、基因型单一因素的显著影响，各因素对 Pb 含量均无显著影响，其他元素均受到地域、基因型及其交互作用的显著影响；麸皮中，Pb 含量仅受到地域、基因型单一因素的显著影响（$p<0.05$），其他元素均受到地域、基因型及二者交互作用的极显著影响（$p<0.01$）；次粉中，As、Sr、Mo 和 Pb 含量受到地域、基因型及二者交互作用的显著影响，Mg、Ca 和 Cu 受到地域、基因型单一因素的显著（$p<0.05$）或极显著（$p<0.01$）影响，Mn、Fe 含量仅受到基因型的显著（$p<0.05$）或极显著（$p<0.01$）影响，Cd 含量仅受到地域因素的极显著（$p<0.01$）影响。面粉中，Ba 受地域、基因型单一

因素的显著（$p<0.05$）影响，各因素对 Ca、Fe 和 Pb 均无显著（$p<0.05$）影响，其他元素受地域、基因型及其交互作用的显著（$p<0.05$）影响。

表 5-15　地域、基因型及其交互作用对小麦每一组分矿质元素的多因素方差分析

	组分	地域	基因型	地域×基因型	误差
全麦粉	Mg	40 429.048**	58 935.883**	5 399.306	6 452.599
	Ca	23 876.966**	7 988.429**	2 830.852*	737.481
	Mn	127 364 798.095**	128 907 314.321**	7 850 278.638**	1 084 754.847
	Fe	157.217	655.439**	156.643	68.669
	Cu	2 493 577.135**	9 097 323.511**	165 994.984**	25 321.406
	Zn	273 208 984.412**	25 166 959.862*	29 558 320.347**	6 132 807.776
	As	3 053.415**	160.392**	140.665**	5.570
	Sr	93 370 838.067**	3 800 087.654**	2 663 475.801**	138 466.384
	Mo	13 050.890**	40 937.170**	6 144.436**	692.933
	Cd	47 198.826**	1 279.121**	768.677**	13.832
	Ba	8 356 576.355**	4 188 084.848**	1 124 354.444**	67 586.367
	Pb	252.357	178.907	44.744	128.826
麸皮	Mg	251 673.208**	3 574 285.679**	340 142.295**	28 652.135
	Ca	95 973.487**	31 308.648**	45 093.538**	4 129.563
	Mn	824 657 822.973**	3 380 764 916.521**	56 256 988.490**	9 758 032.317
	Fe	1 145.918**	3 966.062**	561.323**	75.165
	Cu	17 299 711.651**	63 833 248.204**	4 212 913.689**	310 048.447
	Zn	2 206 467 101.691**	518 869 729.872**	390 437 661.614**	13 449 202.651
	As	9 540.179**	515.713**	902.117**	50.797
	Sr	428 327 703.487**	25 021 722.607**	56 900 885.590**	678 764.695
	Mo	211 771.486**	479 864.297**	81 450.519**	6 324.585
	Cd	178 089.886**	16 105.866**	6 151.503**	2 642.028
	Ba	60 982 520.913**	81 573 659.294**	14 804 076.517**	338 038.893
	Pb	236.731*	911.484**	148.129	51.520
次粉	Mg	1 576 831.766*	2 339 515.220**	703 701.853	296 372.103
	Ca	352 167.770**	119 606.463*	43 584.778	23 481.195
	Mn	820 764 607.205	1 594 178 353.786*	227 611 869.533	286 502 614.172
	Fe	280.244	6 225.509**	243.557	495.673
	Cu	26 781 532.686*	26 638 127.890*	4 099 354.729	6 911 227.867
	Zn	1 014 374 130.089*	397 151 476.184	525 617 461.005	266 258 620.112
	As	11 637.128**	1 412.742**	772.349**	112.120
	Sr	489 888 373.172**	20 871 876.783**	42 233 470.082**	3 362 447.661
	Mo	458 398.909**	750 282.674**	106 921.263*	30 260.309
	Cd	183 450.290**	7 059.355	4 051.431	2 303.092
	Ba	70 435 928.780**	6 463 242.264	10 331 808.492*	2 326 816.355
	Pb	2 533.320**	1 955.709*	1 805.095**	377.024

续表

	组分	地域	基因型	地域×基因型	误差
面粉	Mg	9 084.039**	9 142.891**	972.264**	40.076
	Ca	548.849	6 229.814**	926.085	651.146
	Mn	2 030 198.318**	1 500 431.115**	868 302.439**	56 752.854
	Fe	270.251	288.792	274.478	264.989
	Cu	413 990.681**	1 212 190.599**	52 036.503**	10 396.109
	Zn	10 515 535.264**	5 991 592.532**	2 586 045.720**	310 094.687
	As	298.940**	16.248**	9.801**	1.917
	Sr	7 073 803.060**	100 387.292**	230 447.925**	2 137.511
	Mo	12 339.663**	1 781.029**	1 673.015**	96.100
	Cd	15 037.461**	1 013.161**	189.560*	46.680
	Ba	282 928.193**	59 876.693**	9 258.407	3 652.286
	Pb	26.133	26.411	70.829	27.146

比较各因素对矿质元素的平均方差值发现，全麦粉中 Mg、Mn、Fe、Mo 含量，麸皮中的 Mg、Fe、Cu、Mo、Ba、Pb 含量，次粉中 Mg、Fe、Mo 含量，以及面粉中的 Mg、Ca、Fe 含量受基因型的方差变异贡献最大，面粉中的 Pb 受地域×基因型交互作用的方差变异最大，而其他矿质元素（Zn、As、Sr、Cd）含量在每一小麦制粉产品中均受地域因素的方差变异贡献最大。

5. 小麦制粉产品矿质元素指纹对小麦产地的鉴别效果

为进一步了解矿质元素对每种小麦制粉产品的产地判别效果，利用除制粉产品因素外、与地域密切相关的 4 种矿质元素 Zn、As、Sr、Cd 分别对全麦粉、麸皮、次粉及面粉的产地进行线性判别分析（表 5-16）。由判别分析结果可知，这 4 种矿质元素对全麦粉、次粉和面粉的产地正确判别率均为 100%，对全麦粉、麸皮、次粉和面粉产地判别的交叉验证结果分别为 100%、96.2%、96.3%和 100%。说明这 4 种矿质元素对小麦制粉产品产地的鉴别是可行的，且对小麦全麦粉和面粉的产地判别效果最优。

表 5-16　矿质元素对不同地域小麦制粉产品的判别分析结果　　（%）

小麦制粉产品	辉县	杨凌	赵县	整体
原始判别				
全麦粉	100	100	100	100
麸皮	100	87.5	100	96.2
次粉	100	100	100	100
面粉	100	100	100	100
交叉验证				
全麦粉	100	100	100	100
麸皮	100	75	100	96.2
次粉	88.9	100	100	96.3
面粉	100	100	100	100

5.2.3 讨论

矿质元素在小麦各组成部分中的分布极不均匀，在麸皮中最高，其中糊粉层的灰分高达 10%，胚乳中含量最低，仅有 0.3%～0.5%（刘光辉，2017），因此面粉中矿质元素含量最低。Tang 等（2008）对来自中国的 43 个小麦品种进行加工磨粉，得到 3 种皮磨组分、3 种心磨组分、麸皮和次粉共 8 种组分，研究不同磨粉组分中 Fe、Zn、Mn、Cu、Mg、K、Ca、P 的含量，发现这几种元素均表现为在麸皮中含量大于次粉，且除 Mn 以外，其他元素均受到组分、基因型的极显著影响（$p<0.01$）。

基于前述章节研究结果，元素 Mn、Sr、Mo 和 Cd 与地域密切相关，受基因型和年际影响较小。本节通过对不同制粉产品在不同地域间的鉴别分析发现，Ca、Zn、As、Sr、Cd 对制粉产品在不同地域间的鉴别效果亦较好，可见 Sr、Cd 在小麦及其制粉产品的产地鉴别中均是较好的溯源指标。

5.2.4 小结

每种小麦制粉产品中矿质元素 Zn、As、Sr、Cd 含量均受地域因素方差贡献最大，可用于小麦各类制粉产品的产地溯源。

第 6 章　谷物产地溯源理论与技术讨论、问题及展望

稳定同位素和矿质元素指纹分析技术已被广泛应用于各种农产品的产地鉴别研究中，为名优特和地理标志产品的监管和执法提供技术支撑。国内外学者主要通过在不同地域随机采集样品，检测样品中同位素组成及矿质元素的含量，从这些指标中筛选指纹信息，建立产地判别模型，分析指纹分析技术用于产地鉴别的可行性，很少考虑年际，特别是基因型等因素对农产品溯源指纹信息的影响。然而农产品溯源指纹信息的形成是环境（地域、年际）和基因型共同作用的结果。目前的研究还没有证明地域、年际、基因型等各个因素对农产品溯源指纹变异贡献的大小，且每个同位素形成的主要环境来源尚不清楚。本研究选用小麦作为试验的模式作物，通过连续两年从不同地域随机采集小麦籽粒样品，分析溯源指纹分析技术对小麦产地溯源的可行性及有效性。在此基础上，通过连续 5 年在 3 个地域种植 10 个小麦品种的田间模型试验，分析地域、年际、基因型及其交互作用对小麦籽粒稳定同位素和矿质元素指纹信息的影响；解析各因素对小麦籽粒溯源指纹信息变异的贡献率；筛选与地域密切相关的稳定同位素及矿质元素。通过采集小麦及其产地的土壤、降水、灌溉水样品，分析表层土壤和母质土壤中矿质元素含量对小麦籽粒矿质元素指纹信息的影响；分析小麦稳定同位素与种植地域土壤、降水、灌溉水中稳定同位素的关系，以及产地环境样品稳定同位素在小麦不同生育期的变化规律。进一步对小麦进行加工制粉，研究小麦制粉产品及不同组分稳定同位素和矿质元素组成特征及与全麦粉之间的关系，验证所筛选的稳定同位素和矿质元素对小麦制粉产品的产地判别效果，最终明确小麦籽粒矿质元素指纹信息的成因及变化机理，筛选出准确、稳定的产地溯源指纹信息，为谷物等农产品产地指纹溯源技术的研究与应用提供理论依据。

6.1　讨　　论

6.1.1　多元素指纹溯源技术应用于谷物产地溯源的可行性分析

1. 稳定同位素指纹分析技术鉴别谷物产地的可行性

以小麦作为试验的模式作物，研究农产品产地指纹信息的成因及其在年际

间的稳定性，需要分析不同地域或不同年际之间小麦籽粒中溯源指纹是否具有差异；研究溯源指纹分析技术对小麦产地溯源的可行性。本研究从河北省、河南省和陕西省采集 2013/2014 年度和 2014/2015 年度的小麦样品，检测样品中轻质同位素（δ^{13}C 值、δ^{15}N 值、δ^{2}H 值）及重质同位素（^{87}Sr/^{86}Sr 比值）的组成。结合方差分析和判别分析，发现轻质同位素建立的判别模型，对小麦籽粒产地的正确判别率为 77.8%，进一步结合重质同位素建立判别模型，不同产地间的正确判别率提高至 98.1%，利用轻质同位素、锶同位素指纹的互补特征，提高了小麦产地判别效果，可以识别具有相似气候或相似地质背景来源的食品，增强了稳定同位素用于产地溯源的可靠性。

2. *矿质元素指纹分析技术鉴别小麦产地的可行性*

本研究从河北省、河南省、山东省和陕西省随机采集 2007/2008 年度和 2008/2009 年度小麦籽粒样品，检测样品中多种矿质元素的含量。结合方差分析、主成分分析、判别分析，发现不同地域小麦籽粒矿质元素含量有显著差异（$p<0.05$）。对于 2007/2008 年度小麦样品，通过逐步判别分析筛选出的用于产地鉴别的元素为 Ba、Mn、Ca、Co、Mo、V、Pb 和 Cr；利用这些元素建立的判别模型对 4 省样品产地的整体正确判别率为 77.5%。对于 2008/2009 年度小麦样品，通过逐步判别分析筛选出的用于产地鉴别的元素为 Ga、Co、Li、Sr、Sn、V、Ge、Be、Y 和 Ba；利用这些元素建立的判别模型对 4 省样品产地的整体正确判别率为 90%。矿质元素指纹分析技术鉴别小麦产地具有可行性。同时发现，品种和年际可能影响小麦籽粒中的矿质元素含量。该结果为进一步分析地域、年际、基因型等因素对小麦籽粒矿质元素指纹信息的影响提供了前提条件。

6.1.2 地域、年际、基因型及其交互作用对谷物溯源指纹信息的影响

1. *地域、年际、基因型及其交互作用对小麦籽粒稳定同位素指纹信息的影响*

通过连续 5 年 3 个地域 10 个基因型的田间试验，收获期采集了小麦籽粒样品，利用多因素方差分析一般线性模型，将变异来源列为地域（R）、年际（Y）、基因型（G）及其交互作用（R×G、R×Y、G×Y、R×G×Y），解析了地域、基因型、年际及其交互作用对小麦稳定同位素（δ^{13}C 值、δ^{15}N 值、δ^{2}H 值及 ^{87}Sr/^{86}Sr 比值）的影响及方差贡献率。结果表明，各因素对小麦 δ^{13}C 值、δ^{15}N 值均有显著影响，δ^{2}H 值仅受地域、基因型、年际及地域×年际交互作用的显著影响，^{87}Sr/^{86}Sr 比值仅受到地域、年际的显著影响。

通过计算各因素方差与总方差的比例，得到各因素对每种稳定同位素的方差贡献率。尽管地域对各因素的贡献率均最大，但导致每种稳定同位素在不同地域

间变异的原因各不相同。其中，稳定碳、氢同位素在地域间的差异主要是由地域间地理位置和气候类型导致，稳定氮同位素在地域间的差异主要由当地土壤特性及农业施肥产生，而稳定锶同位素则主要受当地地质构造和土壤锶同位素组成的影响。年际是稳定碳、氢同位素指纹变异的第二贡献因素。一方面是由于农产品中这两种同位素指纹的形成受气候因子（如温度、湿度、降水量等）的影响；另一方面是由于这两种同位素的质量数较轻，年际间轻微的变动都会对其产生较大影响。地域×年际影响贡献大于年际，进一步印证了地域、年际因素中存在影响稳定碳同位素指纹变异的交叉部分，如气候条件，一个地域的气候类型是当地的特有属性，然而，气候因子在每个地域不同年际之间的变化会有不同，这就成为交互作用产生的主要来源。基因型对稳定碳、氢同位素指纹变异的贡献均在前四位，甚至对稳定氢同位素的贡献率高于地域×年际交互作用，表明基因型是这两种稳定同位素变异的主要因素之一，在应用过程中不能忽视。

2. 环境和基因型对小麦籽粒矿质元素指纹信息的影响

不同地域间小麦籽粒中矿质元素含量存在差异，矿质元素指纹分析技术鉴别小麦原产地具有可行性，但还需要分析环境（地域、年际）和基因型对小麦籽粒矿质元素指纹信息的影响。本研究通过连续两年在 3 个地域种植 10 个小麦品种实施以小麦为模式生物的产地溯源田间模型试验。以得到的 180 份小麦籽粒样品为试验材料，结合多因素方差分析，分析地域、年际、基因型及其交互作用对小麦籽粒中各矿质元素含量的影响；通过计算各因素对矿质元素含量变异的方差与总变异方差的比值，解析各因素对各矿质元素含量变异的贡献率。研究发现，地域对 Ca、Mn、Zn、Rb、Sr、Mo、Cd、Cs 含量变异贡献率最大；基因型对 Cu 含量变异贡献率最大；年际对 Na、Mg、Al、Ti、V、Cr、Fe、Co、Ga、Se、Y、Zr、Sn、Eu、U 含量变异贡献率最大。利用与地域密切相关的 8 种矿质元素，结合主成分分析和判别分析，鉴别模型试验得到不同地域小麦籽粒样品的产地。结果利用此 8 种矿质元素建立的判别模型对两年 3 个地域样品产地的正确判别率均为 100%。说明这 8 种与地域密切相关的矿质元素携带足够的地域信息，具有较强的产地判别能力。通过本部分的研究初步了解了小麦籽粒矿质元素指纹信息的成因及其在不同年际的稳定性；并筛选出了与地域密切相关，受基因型、年际影响较小的、用于产地鉴别的较好指纹信息。

6.1.3 谷物多元素溯源指纹信息与产地环境的关系研究

1. 小麦籽粒稳定同位素指纹信息与产地环境的关系

通过对小麦产地土壤、地下水、降水样品的稳定同位素测定，分析比较了小麦稳定氢、锶同位素在小麦样品与产地样品之间的关系，发现小麦产地土壤水中氢同位素在小麦不同生育期之间存在差异，且在不同剖面之间也存在显著差异，但小麦稳定氢同位素与成熟期 0～20cm 深度土壤水的氢同位素相关性最大（r=0.816，p<0.01），且与降水中稳定氢同位素在地域间变化趋势一致；小麦稳定锶同位素与0～20cm深度土壤NH_4NO_3提取液中的锶同位素相关性最大（r=0.909，p<0.01），且与地下水中锶同位素在地域间变化趋势一致。这一结果进一步印证了地域因素对稳定锶同位素变异的贡献远远超过了其他因素，也回答了小麦稳定氢、锶同位素的主要环境来源，进一步阐明了小麦稳定氢、锶同位素指纹与产地之间的关系，解释了小麦稳定氢、锶同位素指纹形成机理。

2. 小麦籽粒矿质元素指纹信息与产地环境的关系

地域因素包含土壤、降水量、温度、栽培措施等因素。土壤是小麦籽粒中矿质元素的主要来源，对小麦产地矿质元素指纹信息的形成具有重要作用。土壤因素又包括表层土壤和母质土壤。表层土壤中矿质元素的组成和含量不仅受母质土壤中矿质元素组成和含量的影响，还易受栽培措施的影响；而母质土壤中矿质元素组成和含量受栽培措施的影响较小。为了进一步了解小麦产地矿质元素指纹信息的成因，分析了表层土壤和母质土壤中矿质元素含量对小麦籽粒矿质元素含量的影响。通过在河北省和河南省随机采集小麦籽粒及其产地的表层土壤和母质土壤样品，检测小麦和土壤样品中同种矿质元素的含量。结合相关性分析，发现小麦籽粒中 Cr、Mn、Ga、Rb、Sr、Zr、Cd 的含量与表层土壤中相应元素的总含量呈显著相关（p<0.05）；Na、Mn、Cd、Sn、Ba 含量与母质土壤中相应元素的总含量呈显著相关（p<0.05）。结合主成分分析和判别分析，比较与表层土壤密切相关的元素和与母质土壤密切相关的元素对本研究在河北省和河南省随机采集的小麦样品产地的鉴别效果。结果发现，这两种指标对产地的正确判别率均较高，但与母质土壤密切相关的元素对产地的正确判别率更高，且母质土壤受栽培措施的影响较小。因此，得出 Na、Mn、Cd、Sn、Ba 是产地溯源较为可靠的指标。本部分的研究对小麦籽粒矿质元素产地指纹信息的成因有了更深的了解。但是地域因素不仅包括土壤因素，还包括温度、降水量、水文等因素。因此，今后还需研究地域中的其他因素对小麦籽粒矿质元素指纹信息的影响。

6.1.4 多元素指纹信息对小麦制粉产品产地溯源的可行性

1. 稳定同位素指纹对小麦制粉产品产地溯源的可行性

为了解小麦制粉产品稳定同位素对小麦产地的判别效果，分别利用各制粉产品 δ^{13}C 值、δ^{15}N 值、δ^{2}H 值建立线性判别模型，比较同一稳定同位素对不同制粉产品及不同稳定同位素对同一制粉产品的判别效果。结果表明，δ^{15}N 值对全麦粉、制粉产品的判别能力均大于 δ^{13}C 值和 δ^{2}H 值。

2. 矿质元素指纹对小麦制粉产品产地溯源的可行性

通过分析矿质元素在不同制粉产品、地域及基因型间的差异，并比较各因素对每种矿质元素的方差贡献率，发现不同制粉产品对小麦矿质元素含量变异影响最大。为进一步了解矿质元素对每种小麦制粉产品的产地判别效果，利用每种制粉产品受地域因素影响均最大的 4 种矿质元素 Zn、As、Sr、Cd 分别对全麦粉、麸皮、次粉及面粉的产地进行线性判别分析。由判别分析结果可知，这 4 种矿质元素对麸皮的产地正确判别率均为 96.2%，对全麦粉、次粉和面粉产地判别的结果均为 100%；交叉验证结果显示，这 5 种元素对全麦粉、麸皮、次粉和面粉的判别效果为 100%、96.2%、96.3%和 100%。说明这 4 种矿质元素对小麦制粉产品产地的鉴别是可行的，且对小麦全麦粉和面粉的产地判别效果最优。

6.1.5　多元素溯源指纹信息的稳定性及应用可靠性

1. 稳定同位素指纹信息的稳定性及应用可靠性

1）地域对稳定碳同位素变异贡献最大，表明稳定碳同位素可应用于农产品产地溯源，但是还应充分考虑年际及基因型对稳定碳同位素指纹的显著影响。对植源性农产品的产地溯源，应尽量保持品种的统一，且需要多年际样品采集验证。

2）尽管地域对稳定氮同位素变异的方差贡献率大于其他因素的影响，为其应用于农产品产地溯源奠定了理论基础。由于其变异来源受农业施肥影响较大，对于农业措施相近的地区可能鉴别能力较弱，但其具有鉴别传统农产品与有机农产品的潜力。

3）地域因素对稳定氢同位素变异的方差贡献最大，但是年际的方差贡献较大，接近地域因素，表明稳定氢同位素易于在不同年际间产生波动，利用其建立的溯源模型及数据库需进行连续样品采集。由于稳定氢同位素指纹信息主要受当地降水和土壤水影响，可考虑借鉴已有的降水氢同位素分布特征来验证农产品稳定氢同位素的真实性及准确性；因此，稳定氢同位素应用于产地溯源时同样需要多年际样品采集，且要保证品种的一致。

4）小麦稳定锶同位素受地域因素影响最大，在年际间有较小差异，不受基因型影响，且导致其在地域间变异的主要来源是当地土壤，稳定锶同位素从土壤到小麦过程中未发生显著差异，表明稳定锶同位素是只与产地环境相关的指纹信息，是应用于农产品产地溯源的可靠指标。

2. 矿质元素指纹信息的稳定性及应用可靠性

1）小麦全麦粉矿质元素 Mn、Sr、Mo 和 Cd 均受到地域、年际、基因型及其交互作用的影响，但地域对每种矿质元素含量方差变异贡献最大，且与当地的表层、母质土壤呈显著相关（$p<0.05$），对多年际小麦样品的产地鉴别能力较强，表明通过多因素方差方法筛选出的矿质元素指标对全麦粉的鉴别更为稳定、可靠。

2）通过比较各矿质因素对 Mn、Sr、Mo 和 Cd 含量变异的方差贡献大小，地域因素对各矿质元素方差贡献最大，Mn 和 Mo 受基因型影响次之，Sr 受年际影响次之，Cd 受地域×年际交互作用的影响次之。在今后产地溯源的研究过程中，应充分考虑基因型对 Mn 和 Mo 的显著影响，且需结合多年际样品对所建模型进行验证。

3）尽管小麦全麦粉中 Mn、Sr、Mo 和 Cd 含量受地域因素影响最大，但在小麦制粉过程中，矿质元素含量在不同制粉产品间的变异大于地域间的变异，表明这几种矿质元素并不能进行小麦制粉过程的追溯。然而，排除制粉产品间的变异，地域对小麦 Zn、As、Sr、Cd 含量变异的贡献最大，并发现这些矿质元素对每种制粉产品产地鉴别效果均较好，表明这几种矿质元素可作为小麦制粉产品产地溯源的可靠指标。

6.2 存在的问题和不足

1）本研究中选用的试验材料均来自黄淮冬麦区，距离相对较近，如河北省赵县和河南省辉县，地理和气候特征有一定的相似性。筛选的产地溯源指纹信息对其他距离较远的地域的样品产地鉴别的适用性有待进一步检验。本研究中选用的试验地域都是行政区划，按照地理区划采样分析得到的试验结果准确性会更高。

2）本研究仅分析了地域、年际、基因型、土壤等因素对小麦多元素溯源指纹变异的影响；明确了不同地域小麦样品指纹信息的成因。并未研究稳定同位素及矿质元素在小麦中的转移机理，以及基因型如何控制小麦中各种同位素及矿质元素的吸收。因此，部分结果的解释存在不确定性，有待于进一步深入系统地研究。

3）地域因素不仅包括土壤因素，还包含温度、降水、日照时间等。本研究仅分析了土壤因素对小麦籽粒中矿质元素含量的影响，其他因素的影响也有待分析。今后需进一步深入系统地分析小麦产地矿质元素指纹信息的成因。

4）土壤中同一元素存在多种形态，植物吸收利用不同形态元素的有效性不同。本研究仅分析了土壤中总元素含量对小麦籽粒中元素含量的影响，不同地域土壤中元素形态分布不同，这也可能影响小麦籽粒矿质元素的指纹信息。

6.3 展　　望

后续的研究应从以下几方面开展。

1）按照地理区划选择试验点，扩大试验地域，分析地域、年际、基因型对小麦籽粒中矿质元素含量变异的影响，增加筛选出的产地溯源指纹信息的适用范围。

2）分析已筛选出的溯源信息指标（$\delta^{13}C$ 值、$\delta^{15}N$ 值、$\delta^{2}H$ 值、$^{87}Sr/^{86}Sr$ 比值、Mn、Mo、Sr 和 Cd）在小麦中的转移机理，以及小麦籽粒中的基因如何控制这些元素的吸收，进一步阐释小麦溯源指纹信息的形成机理。

3）分析温度、降水、日照时间等因素对小麦籽粒多元素指纹变异的影响，进一步加深对小麦产地多元素指纹信息形成的理解。

4）分析不同地域土壤中元素形态分布的特征，进一步研究土壤中不同形态元素含量对小麦籽粒矿质元素指纹信息形成的影响。

6.4 结　　论

1）尽管小麦籽粒中的稳定同位素和矿质元素含量可能受基因型、年际等因素的影响，但稳定同位素及部分矿质元素含量的方差变异受地域影响贡献最大，是用于小麦产地溯源的有效指标。多元素指纹分析技术与多元统计方法结合是用于小麦产地溯源的有效方法。

2）小麦籽粒稳定同位素 $\delta^{13}C$ 值、$\delta^{15}N$ 值、$\delta^{2}H$ 值、$^{87}Sr/^{86}Sr$ 比值及 Mn、Sr、Mo、Cd 含量与地域因素密切相关；Ba 含量与基因型密切相关；Mg、Al、Ca、Fe、Cu、Zn、As、Pb 含量与年际密切相关。稳定同位素 $\delta^{13}C$ 值、$\delta^{15}N$ 值、$\delta^{2}H$ 值、$^{87}Sr/^{86}Sr$ 比值及 Mn、Sr、Mo、Cd 是用于小麦产地矿质元素指纹溯源的较好指标。

3）小麦成熟期 0～20cm 深度土壤水与小麦籽粒稳定氢同位素相关性最大，降水对小麦籽粒 $\delta^{2}H$ 值影响较大，地下水对其影响较小。小麦土壤 0～20cm 深度 NH_4NO_3 提取液（有效态锶）中的 $^{87}Sr/^{86}Sr$ 比值与小麦籽粒相关性最大；地下水对小麦籽粒 $^{87}Sr/^{86}Sr$ 比值影响较大，降水对其影响较小。小麦籽粒中 Cr、Mn、Ga、Rb、Sr、Zr、Cd 与表层土壤中相应元素的总含量显著相关（$p<0.05$）；Na、Mn、Cd、Sn、Ba 与母质土壤中相应元素的总含量显著相关（$p<0.05$）。

4）小麦制粉产品与全麦粉中 $\delta^{13}C$ 值、$\delta^{15}N$ 值具有地域特征，且变化趋势一致；不同小麦制粉产品间 $\delta^{13}C$ 值具有显著差异（$p<0.05$），$\delta^{15}N$ 值无显著差异；全麦粉与每种制粉产品 $\delta^{13}C$ 值、$\delta^{15}N$ 值相互之间呈极显著相关性（$p<0.01$）。$\delta^{13}C$ 值、$\delta^{15}N$ 值可用于小麦及其制粉产品的产地溯源。小麦制粉产品中矿质元素 Zn、As、Sr、Cd 受地域因素的影响最大，可用于小麦各类制粉产品的产地溯源。

主要参考文献

毕坤. 1998. 论矿质元素在农作物中的综合平衡效应. 贵州地质, 15(1): 61-70.

蔡先峰. 2011. 牛组织器官矿质元素指纹溯源信息特征研究. 中国农业科学院学位论文.

常丹. 2009. 苹果产地特征检测方法的研究. 河北大学硕士学位论文.

陈平, 张劲松, 孟平, 何春霞, 贾长荣, 李建中. 2014. 稳定碳同位素测定水分利用效率——以决明子为例. 生态学报, 34(19): 5454-5459.

陈薇, 郑学玲, 牛磊, 杨敬雨. 2007. 不同品种小麦麸皮、次粉组分分析研究. 粮油加工, (6): 97-100.

丁颖. 2013. 生态因子与三七稳定同位素比率的关系研究. 云南农业大学硕士学位论文.

董星彩, 王颜红, 李国琛, 李波, 王世成. 2010. 五味子稳定碳同位素分布特征及其与环境因子的关系. 生态学杂志, 29(12): 2325-2357.

董旭辉, 孙文舜. 1991. 中国土壤 Fe、Al 的环境背景值及其分布趋势的研究. 中国环境监测, 7(3): 1-3.

高素华, 郭建平, 王连敏, 王立志. 2001. 气象条件对小麦中量元素和微量元素含量的可能影响. 应用气象学报, 12(4): 507-512.

郭波莉. 2007. 牛肉产地同位素与矿物元素指纹溯源技术研究. 中国农业科学院博士学位论文.

郭波莉, 魏益民, Kelly S D, 潘家荣, 魏帅. 2009. 稳定性氢同位素分析在牛肉产地溯源中的应用. 分析化学, 37(9): 1333-1336.

郭波莉, 魏益民, 潘家荣. 2007b. 同位素指纹分析技术在食品产地溯源中的应用进展. 农业工程学报, 23(3): 284-289.

郭波莉, 魏益民, 潘家荣, 李勇. 2007a. 多元素分析判别牛肉产地来源研究. 中国农业科学, 40(12): 2842-2847.

郭明慧, 裴自友, 温辉芹, 王仕稳, 辻本壽. 2011. 普通小麦品种籽粒矿质元素含量分析. 中国农学通报, 27(18): 41-44.

郭智成. 2013. 不同肥料处理对番茄和生菜 δ^{15}N 的影响. 中国农业科学院硕士学位论文.

郭智成, 李玉中, 董一威, 徐春英, 房福力, 李巧珍. 2013. 不同氮肥处理对土壤和番茄中稳定性氮同位素丰度的影响. 中国农业气象, 34(5): 545-550.

何春霞, 李吉跃, 孟平, 张燕香. 2010. 树木叶片稳定碳同位素分馏对环境梯度的响应. 生态学报, 30(14): 3828-3838.

康海宁, 杨妙峰, 陈波, 韩超, 王凌, 王小如. 2006. 利用矿质元素的测定数据判别茶叶的产地和品种. 岩矿测试, 25(1): 22-26.

李峰, 田霄鸿, 陈玲, 李生秀. 2006. 栽培模式、施氮量和播种密度对小麦子粒中锌、铁、锰、铜含量和携出量的影响. 土壤肥料, (2): 42-46.

李清光, 李晓钟, 钟芳. 2011. 基于矿质元素含量和支持向量机的茶叶鉴别分析. 江苏大学学报(自然科学版), 32(6): 636-641.

李天杰, 郑应顺, 王云. 1980. 土壤地理学. 北京: 人民教育出版社: 247.

李艳. 2008. 陕西省关中粮食主产区土壤环境质量评价. 农业环境与发展, 25(3): 111-113.
李秧秧. 2000. 碳同位素技术在 C_3 作物水分利用效率研究中的应用. 核农学报, 14(2): 115-121.
林光辉. 2013. 稳定同位素生态学.北京: 高等教育出版社.
林清. 2008. 温度和无机碳浓度对龙须眼子菜(*Potamogeton pectinaus*)碳同位素分馏的影响. 生态学报, 28(2): 570-576.
林植芳, 彭长连, 林桂珠. 2001. 大豆和小麦不同基因型的碳同位素分馏作用及水分利用效率. 作物学报, 27(4): 409-414.
刘光辉. 2017. 小麦籽粒理化特性及面粉生产方法概述. 大麦与谷类科学, 34(5): 56-61.
刘江生, 王仁卿, 戴九兰, 张永利, 王强. 2008. 山东省黄河故道区域土壤环境背景值研究. 环境科学, 29(6): 1699-1704.
刘克桐. 2005. 河北省主要农田土壤肥力变化趋势. 河北农业科学, 9(3): 29-35.
刘小宁, 马剑英, 孙伟, 崔永琴, 段争虎. 2010. 高山植物稳定碳同位素沿海拔梯度响应机制的研究进展. 山地学报, 2(1): 37-46.
刘晓玲, 郭波莉, 魏益民, 师俊玲, 孙淑敏. 2012. 不同地域牛尾毛中稳定同位素指纹差异分析. 核农学报, 26(2): 330-334.
刘泽鑫, 郭波莉, 潘家荣, 魏益民, 钱和. 2008. 陕西省关中地区肉牛产地同位素溯源技术初探. 核农学报, (06): 834-838.
鲁璐, 季英苗, 李莉蓉, 李竹林, 吴瑜. 2010. 不同地区、不同品种(系)小麦锌、铁和硒含量分析. 应用与环境生物学报, 16(5): 646-649.
马威, 张介眉, 涂欣, 滕晓丽, 朱旭, 朱浩, 关江锋, 郝建军, 张爱汉. 2010. 不同产地葱元素含量差异及 Fisher 判别分析. 湖北中医学院学报, 12(3): 25-28.
马冬红, 王锡昌, 刘利平, 刘源. 2012. 稳定氢同位素在出口罗非鱼产地溯源中的应用. 食品与机械, 28(1): 5-7.
马奕颜. 2014. 猕猴桃产地溯源指纹信息筛选与验证研究. 中国农业科学院硕士学位论文.
马英军, 刘丛强. 2001. 花岗岩化学风化过程中 Sr 同位素演化——矿物相对风化速率的影响. 中国科学(D 辑), 31(8): 634-640.
庞绪贵, 李肖鹏, 王炳华, 曾宪东, 陈磊. 2008. 山东黄河冲积平原区土壤地球化学特征. 山东国土资源, 24(11): 26-29.
朴河春, 朱建明, 朱书法, 余登利, 冉景丞. 2004. 植物营养元素的含量和 $\delta^{13}C$ 值随海拔而变化的特征及营养元素相互作用对碳同位素分馏作用的影响. 地球科学进展, 19(增刊): 412-417.
钱秋平, 陆国权, 衣申艳, 王戈亮. 2009. 不同干率甘薯铁、锌、钙、硒微量元素含量的产地差异. 浙江农业学报, 21(2): 168-172.
盛奇, 王恒旭, 胡永华, 蔡春楠. 2009. 黄河流域河南段土壤背景值与基准值研究. 安徽农业科学, (18): 8647-8650.
石辉, 刘世荣, 赵晓广. 2003. 稳定性氢氧同位素在水分循环中的应用. 水土保持学报, 17(2): 163-166.
思小燕, 吴启勋. 2009. 青海不同产地地木耳中微量元素的主因子分析和聚类分析. 佳木斯大学学报, 27(2): 309-311.
孙丰梅. 2009. 应用稳定同位素进行牛肉溯源的研究. 北京: 中国农业科学院博士学位论文.

孙丰梅, 王慧文, 杨曙明. 2008. 稳定同位素碳、氮、硫、氢在鸡肉产地溯源中的应用研究. 分析测试学报, 27(9): 925-929.

孙建民, 刘博静, 孙汉文, 王继坤. 2010. 不同产地蜂蜜中若干金属元素含量的分布比较. 河北大学学报, 30(3): 271-274.

孙世贤. 2003. 第一届国家农作物品种审定委员会第一次会议审定通过的品种简介(Ⅰ). 种子科技, 21(3): 179-183.

孙淑敏. 2012. 羊肉产地指纹图谱溯源技术研究. 西北农林科技大学博士学位论文.

孙淑敏, 郭波莉, 魏益民, 樊明涛. 2011. 稳定性氢同位素在羊肉产地溯源中的应用. 中国农业科学, 44(24): 5050-5057.

万婕, 刘成梅, 刘伟, 涂宗财, 李傲, 章文琴. 2010. 电感耦合等离子体原子发射光谱法分析不同产地大豆中的矿质元素含量. 光谱学与光谱分析, 30(2): 543-545.

王兵, 李心清, 杨放. 2012. 元素-锶同位素技术在农产品原产地溯源中的应用. 地球与环境, 40(3): 391-396.

王国安. 2001. 中国北方草本植物及表土有机质碳同位素组成. 中国科学院地质与地球物理研究所博士学位论文.

王国安, 韩家懋, 周力平. 2002. 中国北方 C_3 植物碳同位素组成与年均温度关系. 中国地质, 29(1): 55-57.

王慧文, 杨曙明, 程永友. 2008. 鸡肉中稳定同位素组成与饲料和饮水关系的研究. 分析科学学报, 24(1): 47-50.

韦莉莉, 张小全, 侯振宏, 徐德应. 2005. 全球气候变化研究的新技术——稳定碳同位素分析的应用. 世界林业研究, 18(2): 16-19.

魏益民, 郭波莉, 魏帅, 孙淑敏, 赵海燕. 2012. 食品产地溯源及确证技术研究和应用方法探析. 中国农业科学, 45(24): 5073-5081.

许禄, 邵学广. 2006. 化学计量学方法. 北京: 科学出版社.

姚凡云, 朱彪, 杜恩在. 2012. ^{15}N 自然丰度法在陆地生态系统氮循环研究中的应用. 植物生态学报, 36(4): 346-352.

叶珊珊, 杨健, 刘洪波. 2009. 农产品原产地判定的元素“指纹”分析进展. 中国农业科技导报, 11(4): 34-40.

张强, 李艳琴. 2011. 基于矿质元素的苦荞产地判别研究. 中国农业科学, 44(22): 4653-4659.

张森燊. 2017. 中宁枸杞地理指纹信息及鉴别技术研究. 中国农业科学院硕士学位论文.

张仕祥, 王建伟, 梁太波, 魏春阳, 过伟民. 2010. 品种、种植年份和区域对烤烟中微量元素含量的影响及元素含量间的相互关系. 烟草科技, (8): 55-60.

张西营, 马海州, 谭红兵. 2002. Sr 的地球化学指示意义及其应用. 盐湖研究, 10(3): 38-44.

张勇, 王德森, 张艳, 何中虎. 2007. 北方冬麦区小麦品种籽粒主要矿质元素含量分布及其相关性分析. 中国农业科学, 40(9): 1871-1876.

赵海燕. 2013. 小麦产地矿物元素指纹信息特征研究. 中国农业科学院硕士学位论文.

赵士鹏, 金伦. 1992. 中国土壤表层钙元素背景值的地域最佳估值研究. 环境科学学报, 12(2): 168-173.

郑春江, 张东威, 李惠明, 吴殿廷. 1992. 中国表层土壤微量元素环境背景值水平分布的趋势分析. 中国环境监测, 8(3): 8-12.

郑厚义, 刘丛强, 王中良, 杨成, 谌书, 朱书法. 2008. 贵州黄壤地区植物营养元素来源的 Sr 同位素示踪. 北京林业大学学报, 30(4): 72-75.

郑学玲, 李利民. 2008. 次粉及面粉淀粉的制备、分级与组成分析. 河南工业大学学报(自然科学版), 29(6): 9-12.

郑永飞, 陈江峰. 2000. 稳定同位素地球化学. 北京: 科学出版社.

朱喜梅, 郑长训, 宁爱民, 刘文原. 1994. 河南省土壤微量元素含量分布及施用效果的研究. 河南职技师院学报(自然科学版), 22(2): 5-8.

朱晓华, 杨秀春, 蔡运龙. 2005. 中国土壤空间分布的分形与分维. 土壤学报, 42(6): 881-888.

Açkurt F, Özdemir M, Biringen G, Löeker M. 1999. Effects of geographical origin and variety on vitamin and mineral composition of hazelnut (*Corylus avellana* L.) varieties cultivated in Turkey. Food Chemistry, 65(3): 309-313.

Adams M L, Zhao F J, McGrath S P, Nicholson F A, Chambers B J. 2004. Predicting cadmium concentrations in wheat and barley grain using soil properties. Journal of Environmental Quality, 33(2): 532-541.

Almeida C M R, Vasconcelos M T S D. 2003. Multielement composition of wines and their precursors including provenance soil and their potentialities as fingerprints of wine origin. Journal of Agricultural and Food Chemistry, 51(16): 4788-4798.

Anderson K A, Magnuson B A, Tschirgi M L, Smith B. 1999. Determining the geographic origin of potatoes with trace metal analysis using statistical and neural network classifiers. Journal of Agricultural and Food Chemistry, 47(4): 1568-1575.

Anderson K A, Smith B W. 2002. Chemical profiling to differentiate geographic growing origins of coffee. Journal of Agricultural and Food Chemistry, 50(7): 2068-2075.

Anderson M A. 2011. Isotopes. *In*: Anderson M A. Encyclopedia of Water Science. 2nd eds. New York: Taylor and Francis: 684-687.

Anklam E. 1998. A review of the analytical methods to determine the geographical and botanical origin of honey. Food Chemistry, 63(4): 549-562.

Anzalone S, Bottari E, Festa M R. 1997. Determination of oligoelements in wheat. Analytica Chimica Acta, 343(3): 241-249.

Araguas-Araguas L, Froehlich K, Rozanski K. 2000. Deuterium and oxy-18 isotope composition of precipitation and atmospheric moisture. Hydrological Processes, 14(8): 1341-1355.

Araus J L, Cabrera-Bosquet L, Serret M D, Bort J, Nieto-Taladriz M T. 2013. Comparative performance of δ^{13}C, δ^{18}O and δ^{15}N for phenotyping durum wheat adaptation to a dryland environment. Functional Plant Biology, 40(6): 595-608.

Arivalagan M, Gangopadhyay K K, Kumar G, Bhardwaj R, Prasad T V, Sarkar S K, Roy A. 2012. Variability in mineral composition of Indian eggplant (*Solanum melongena* L.) genotypes. Journal of Food Composition and Analysis, 26(1-2): 173-176.

Ariyama K, Nishida T, Noda T, Kadokura M, Yasui A. 2006. Effects of fertilization, crop year, variety, and provenance factors on mineral concentrations in onions. Journal of Agricultural and Food Chemistry, 54(9): 3341-3350.

Ariyama K, Shinozaki M, Kawasaki A. 2012. Determination of the geographic origin of rice by chemometrics with strontium and lead isotope ratios and multielement concentrations. Journal of Agricultural and Food Chemistry, 60(7): 1628-1634.

Ariyama K, Yasui A. 2006. The determination technique of the geographic origin of welsh onions by mineral composition and perspectives for the future. Japan Agricultural Research Quarterly, 40(4): 333-339.

Bahar B, Schmidt O, Moloney A P, Scrimgeour C M, Begley I S, Monahan F J. 2008. Seasonal variation in the C, N and S stable isotope composition of retail organic and conventional Irish beef. Food Chemistry, 106(3): 1299-1305.

Bakircioglu D, Kurtulus Y B, Ibar H. 2011. Investigation of trace elements in agricultural soils by BCR sequential extraction method and its transfer to wheat plants. Environmental Monitoring and Assessment, 175(1-4): 303-314.

Balcaen L, Moens L, Vanhaecke F. 2010. Determination of isotope ratios of metals (and metalloids) by means of inductively coupled plasma-mass spectrometry for provenancing purposes - A review. Spectrochimica Acta Part B -Atomic Spectroscopy, 65(9-10): 769-786.

Banner J L. 2004. Radiogenic isotopes: systematics and applications to earth surface processes and chemical stratigraphy. Earth- Science Reviews, 65(3-4): 141-194.

Barbaste M, Robinson K, Guilfoyle S, Medina B B, Lobinski R. 2002. Precise determination of the strontium isotope ratios in wine by induc-tively coupled plasma sector field multicollector mass spectrometry(ICP-SF-MC-MS). Journal of Analytical Atomic Spectrometry, 17(2): 135-137.

Baroni M V, Arrua C, Nores M L, Fayé P, del Pilar Díaz M, Chiabrando G A, Wunderlin D A. 2009. Composition of honey from Córdoba (Argentina): Assessment of North/South provenance by chemometrics. Food Chemistry, 114(2): 727-733.

Baroni M V, Podio N S, Badini R G, Inga M, Ostera H A, Cagnoni M, Gautier E A, Garcia P P, Hoogewerff J, Wunderlin D A. 2015. Linking soil, water, and honey composition to assess the geographical origin of Argentinean honey by multielemental and isotopic analyses. Journal of Agricultural and Food Chemistry, 63(18): 4638-4645.

Bateman A S, Kelly S D. 2007. Fertilizer nitrogen isotope signatures. Isotopes in Environmental and Health Studies, 43(3): 237-247.

Bateman S S, Kelly S D, Jickells T D. 2005. Nitrogen isotope relationships between crops and fertilizer implications for using nitrogen isotope analysis as an indicator of agricultural regime. Journal of Agricultural and Food Chemistry, 53(14): 5760-5765.

Batista B L, da Silva L R S, Rocha B A, Rodrigues J L, Berretta-Silva A A, Bonates T O, Gomes V S D, Barbosa R M, Barbosa F. 2012. Multi-element determination in Brazilian honey samples by inductively coupled plasma mass spectrometry and estimation of geographic origin with data mining techniques. Food Research International, 49(1): 209-215.

Baxter M J, Crews H M, Dennis M J, Goodal I, Anderson D. 1997. The determination of the authenticity of wine from its trace element composition. Food Chemistry, 60(3): 443-450.

Belane A K, Dakora F D. 2011. Levels of nutritionally-important trace elements and macronutrients in edible leaves and grain of 27 nodulated cowpea (*Vigna unguiculata* L. Walp.) genotypes grown in the Upper West Region of Ghana. Food Chemistry, 125(1): 99-105.

Beltrán M, Fernándezborrás J, Médale F, Pérezsánchez J, Kaushik S, Blasco J. 2009. Natural abundance of ^{15}N and ^{13}C in fish tissues and the use of stable isotopes as dietary protein tracers in rainbow trout and gilthead sea bream. Aquaculture Nutrition, 15(1): 9-18.

Benincasa C, Lewis J, Perri E, Sindona G, Tagarelli A. 2007. Determination of trace element in Italian virgin olive oils and their characterization according to geographical origin by statistical analysis. Analytica Chimica Acta, 585(2): 366-370.

Benson S, Lennard C, Maynard P, Roux C. 2006. Forensic applications of isotope ratio mass spectrometry - A review. Forensic Science International, 157: 1-22.

Boner M, Förstel H. 2004. Stable isotope variation as a tool to trace the authenticity of beef. Analytical and Bioanalytical Chemistry, 378(2): 301-310.

Bong Y S, Shin W J, Gautam M K, Jeong Y J, Lee A R, Jang C S, Lim Y P, Chung G S, Lee K S. 2012. Determining the geographical origin of Chinese cabbages using multielement composition and strontium isotope ratio analyses. Food Chemistry, 135(4): 2666-2674.

Bong Y S, Shin W J, Lee A R, Kim Y S, Kim K, Lee K S. 2010. Tracing the geographical origin of beefs being circulated in Korean markets based on stable isotopes. Rapid Communications in Mass Spectrometry, 24(1): 155-159.

Bort J, Belhaj M, Latiri K, Kehel Z, Araus J L. 2013. Comparative performance of the stable isotope signatures of carbon, nitrogen and oxygen in assessing early vigour and grain yield in durum wheat. Journal of Agricultural Science, 152(3): 408-426.

Borůvka L, Vacek O, Jehlička J. 2005. Principal component analysis as a tool to indicate the origin of potentially toxic elements in soils. Geoderma, 128(3-4): 289-300.

Bowling D R, Pataki D E, Randerson J T. 2008. Carbon isotopes in terrestrial ecosystem pools and CO_2 fluxes. New Phytologist, 178(1): 24-40.

Branch S, Burke S, Evans P, Fairman B, Briche C S J W. 2003. A preliminary study in determining the geographical origin of wheat using isotope ratio inductively coupled plasma mass spectrometry with ^{13}C, ^{15}N mass spectrometry. Journal of Analytical Atomic Spectrometry, 18(1): 17-22.

Brescia M A, Di Martino G, Guillou C, Reniero F, Sacco A, Serra F. 2002. Determination of the geographical origin of durum wheat semolina samples on the basis of isotopic composition. Rapid Communication of Mass Spectrometry, 16: 2286-2290.

Camargo A B, Resnizky S, Marchevsky E J, Luco J M. 2010. Use of the Argentinean garlic (*Allium sativum* L.) germplasm mineral profile for determining geographic origin. Journal of Food Composition and Analysis, 23(6): 586-591.

Camin F, Bontempo L, Heinrich K, Horacek M, Kelly S D, Schlicht C, Thomas F, Monahan F J, Hoogewerff J, Rossmann A. 2007. Multi-element (H, C, N, S) stable isotope characteristics of lamb meat from different European regions. Analytical and Bioanalytical Chemistry, 389(1): 309-320.

Camin F, Dordevic N, Wehrens R, Neteler M, Delucchi L, Postma G, Buydens L. 2015. Climatic and geographical dependence of the H, C and O stable isotope ratios of Italian wine. Analytica Chimica Acta, 853(1): 384-390.

Camin F, Larcher R, Nicolini G,Bontempo L, Bertoldi D, Perini M, Schlicht C, Schellenberg A, Thomas F, Heinrich K, Voerkelius S, Horacek M, Ueckermann H, Froeschi H, Wimmer B, Heiss G, Baxter M, Rossman A, Hoogewerff J. 2010. Isotopic and elemental data for tracing the origin of European olive oils. Journal of Agricultural and Food Chemistry, 58(1): 570-577.

Camin F, Perini M, Colombari G, Bontempo L, Versini G. 2008. Influence of dietary composition on the carbon, nitrogen, oxygen and hydrogen stable isotope ratios of milk. Rapid Communications in Mass Spectrometry, 22(11):1690-1696.

Camin F, Wehrens R, Bertoldi D, Bontempo L, Ziller L, Perini M, Nicolini G, Nocetti M, Larcher R. 2012. H, C, N and S stable isotopes and mineral profiles to objectively guarantee the authenticity of grated hard cheeses. Analytica Chimica Acta, 711: 54-59.

Camin F, Wietzerbin K, Cortes A B, Haberhauer G, Lees M, Versini G. 2004. Application of multielement stable isotope ratio analysis to the characterization of French, Italian, and Spanish cheeses. Journal of Agricultural and Food Chemistry, 52(21): 6592-6600.

Cankur O, Aras N K, Olmez I, Zhang W, Goodwin W E, Chatt A. 1999. Correlation between total and EDTA/DTPA-extractable trace elements in soil and wheat. Biological Trace Element

Research, 71-72(1): 109-119.

Chen J S, Deng B S, Pan M, Wang X J, Zeng S Q, He Q. 1993. Geographical tendencies of trace element contents in soils derived from granite, basalt and limestone of eastern China. Pedosphere, 3(1): 45-55.

Chen T J, Zhao Y, Zhang W, Yang S, Ye Z, Zhang G. 2016. Variation of the light stable isotopes in the superior and inferior grains of rice (*Oryza sativa* L.) with different geographical origins. Food Chemistry, 209: 95-98.

Chesson L A, Valenzuela L O, O'grady S P, Cerling T E, Ehleringer J R. 2010. Hydrogen and oxygen stable isotope ratios of milk in the United States. Journal of Agricultural and Food Chemistry, 58(4): 2358-2363.

Chiocchini F, Portarena S, Ciolfi M, Brugnoli E, Lauteri M. 2016. Isoscapes of carbon and oxygen stable isotope compositions in tracing authenticity and geographical origin of Italian extra-virgin olive oils. Food Chemistry, 202: 291-301.

Choi W J, Ro H M, Hobbie E A. 2003. Patterns of natural ^{15}N in soils and plants from chemically and organically fertilized uplands. Soil Biology and Biochemistry, 35(11): 1493-1500.

Christoph N, Rossmann A, Schlicht C, Voerkelius S. 2006. Wine authentication using stable isotope ratio analysis: Significance of geographical origin, climate and viticultural parameters. 952: 166-179.

Chung I M, Kim J K, Jin Y I, Oh Y T, Prabakaran M, Youn K J, Kim S H. 2016. Discriminative study of a potato (*Solanum tuberosum* L.) cultivation region by measuring the stable isotope ratios of bio-elements. Food Chemistry, 212: 48-57.

Coetzee P P, Steffens F E, Eiselen R J, Augustyn O P, Balcaen L, Vanhaecke F. 2005. Multi-element analysis of South African wines by ICP-MS and their classification according to geographical origin. Journal of Agricultural and Food Chemistry, 53(13): 5060-5066.

Coisson J D, Arlorio M, Locatelli M, Garino C, Resta D, Sirtori E, Arnoldi A, Boschin G. 2011. The artificial intelligence-based chemometrical characterization of genotype/chemotype of *Lupinus albus* and *Lupinus angustifolius* permits their identification and potentially their traceability. Food Chemistry, 129(4): 1806-1812.

Consonni R, Cagliani L R. 2010. Chapter 4-Nuclear magnetic resonance and chemometrics to assess geographical origin and quality of traditional food products In: Taylor SL, editor. Advances in Food and Nutrition Research: Academic Press; 2010. p. 87-165.

Costas-Rodríguez M, Lavilla I, Bendicho C. 2010. Classification of cultivated mussels from Galicia (Northwest Spain) with European Protected Designation of Origin using trace element fingerprint and chemometric analysis. Analytica Chimica Acta, 664(2): 121-128.

Cozzolino D. 2014. An overview of the use of infrared spectroscopy and chemometrics in authenticity and traceability of cereals. Food Research International 60(6): 262-265.

Crittenden R G, Andrew A S, LeFournour M, Young M D, Middleton H, Stockmann R. 2007. Determining the geographic origin of milk in Australasia using multi-element stable isotope ratio analysis. International Dairy Journal, 17(5): 421-428.

de Alda-Garcilope C, Gallego-Picó A, Bravo-Yagüe J C, Garcinuño-Martínez R M, Fernández-Hernando P. 2012. Characterization of Spanish honeys with protected designation of origin "Miel de Granada" according to their mineral content. Food Chemistry, 135(3): 1785-1788.

Deniro M J, Epstein S. 1977. Mechanism of carbon isotope fractionation associated with lipid synthesis. Science, 197(4300): 261-263.

Di Paola-Naranjo R D, Baroni M V, Podio N S, Rubinstein H R, Fabani M P, Badini R G, Inga M,

Ostera H A, Cagnoni M, Gallegos E, Gautier E, Peral-Garcia P, Hoogewerff J, Wunderlin D A. 2011. Fingerprints for main varieties of argentinean wines: terroir differentiation by inorganic, organic, and stable isotopic analyses coupled to chemometrics. Journal of Agriculture and Food Chemistry, 59(14): 7854-7865.

Diomande D, Antheaume I, Leroux M, Lalande J, Balayssac S, Remaud G S, Tea I. 2015. Multi-element, multi-compound isotope profiling as a means to distinguish the geographical and varietal origin of fermented cocoa (*Theobroma cacao* L.) beans. Food Chemistry, 188: 576-582.

Dong H, Luo D, Xian Y, Luo H, Guo X, Zhao M. 2016. Adulteration identification of commercial honey with the C-4 sugar content of negative values by an elemental analyzer and liquid chromatography coupled to Isotope ratio mass spectroscopy. Journal of Agricultural and Food Chemistry, 64(16): 3258-3265.

Doyle P J, Fletcher W K. 1977. Influence of soil parent material on the selenium content of wheat from West Central Saskatchewan. Canadian Journal of Plant Science, 57(3): t59-t64.

Durante C, Baschieri C, Bertacchini L, Bertelli D, Cocchi M, Marchetti A, Manzini D, Papotti G, Sighinolfi S. 2015. An analytical approach to Sr isotope ratio determination in Lambrusco wines for geographical traceability purposes. Food Chemistry, 173: 557-563.

Durante C, Baschieri C, Bertacchini L, Cocchi M, Sighinolfi S, Silvestri M, Marchetti A. 2013. Geographical traceability based on $^{87}Sr/^{86}Sr$ for PDO Lambrusco wine from Modena. Food Chemistry, 141(3): 2779-2787.

Dutra S V, Adami L, Marcon A R, Carnieli G J, Roani C A, Spinelli F R, Leonardelli S, Ducatti C, Moreira M Z, Vanderlinde R. 2011. Determination of the geographical origin of Brazilian wines by isotope and mineral analysis. Analytical and Bioanalytical Chemistry, 401(5): 1571-1576.

Ehtesham E, Hayman A R, McComb K A, Van Hale R, Frew R D. 2013. Correlation of geographical location with stable isotope values of hydrogen and carbon of fatty acids from New Zealand milk and bulk milk powder. Journal of Agricultural and Food Chemistry, 61(37): 8914-8923.

Eriksson J E, Söderström M. 1996. Cadmium in soil and winter wheat grain in southern Sweden. 1. Factors influencing Cd levels in soils and grain. Acta Agriculturae Scandinavica Section B—Soil and Plant Science, 46(4): 240-248.

Fabani M P, Arrúa R C, Vázquez F, Diaz M P, Baroni M V, Wunderlin D A. 2010. Evaluation of elemental profile coupled to chemometrics to assess the geographical origin of Argentinean wines. Food Chemistry, 119(1): 372-379.

Farquhar G D, O'leary M H, Berry J A. 1982. On the relationship between carbon isotope discrimination and the intercellular carbon dioxide concentration in leaves. Australian Journal of Plant Physiology, 9(2): 121-137.

Faure G. 1986. Principles of Isotope Geology. 2nd eds. New York: Wiley: 117-140.

Federica C, Anna C, Viviana V, Carlo B, Clara B, Eleonora P, Vittorio D. 2010. Effects of industrial processing on the distributions of deoxynivalenol, cadmium and lead in durum wheat milling fractions. LWT-Food Science and Technology, 43(7): 1050-1057.

Fernández-Cáceres P L, Martín M J, Pablos F, González A G. 2001. Differentiation of tea (*Camellia sinensis*) varieties and their geographical origin according to their metal content. Journal of Agricultural and Food Chemistry, 49(10): 4775-4779.

Feudo G L, Naccarato A, Sindona G. 2010. Investigating the origin of tomatoes and triple concentrated tomato pastes through multielement determination by inductively coupled plasma mass spectrometry and statistical analysis. Journal of Agricultural and Food Chemistry, 58(6): 3801-3807.

Ficco D B M, Riefolo C, Nicastro G, De Simone V, Di Gesù A M, Beleggia R, Platani C, Cattivelli L, De Vita P. 2009. Phytate and mineral elements concentration in a collection of Italian durum wheat cultivars. Field Crops Research, 111(3): 235-242.

Franke B M, Gremaud G, Hadorn R, Kreuzer M. 2005. Geographic origin of meat-elements of an analytical approach to its authentication. European Food Research and Technology, 221(3-4): 493-503.

Franke B M, Haldimann M, Gremaud G, Bosset J O, Hadorn R, Kreuzer M. 2008. Element signature analysis: its validation as a tool for geographic authentication of the origin of dried beef and poultry meat. European Food Research and Technology, 227(3): 701-708.

Franke B M, Haldimann M, Reimann J, Baumer B, Gremaud G, Hadorn R, Bosset J O, Kreuzer M. 2007. Indications for the applicability of element signature analysis for the determination of the geographic origin of dried beef and poultry meat. European Food Research and Technology, 225(3-4): 501-509.

Gao X, Mohr R M, McLaren D L, Grant C A. 2011. Grain cadmium and zinc concentrations in wheat as affected by genotypic variation and potassium chloride fertilization. Field Crops Research, 122(2): 95-103.

García-Ruiz S, Moldovan M, Fortunato G, Wunderli S, Alonso J I G. 2007. Evaluation of strontium isotope abundance ratios in combination with multi-elemental analysis as a possible tool to study the geographical origin of ciders. Analytica Chimica Acta, 590(1): 55-66.

Garten C T. 1993. Variation in foliar ^{15}N abundance and the availability of soil nitrogen on walker branch watershed. Ecology, 74(7): 2098-2113.

Gaston T F, Suthers I M. 2004. Spatial varation in δ^{13}C and δ^{15}N of liver, muscle and bone in a rocky reef planktivorous fish: the relative contribution of sewage. Journal of Experimental Marine Biology and Ecology, 304(1): 17-33.

Ghandilyan A, Vreugdenhil D, Aarts M G M. 2006. Progress in the genetic understanding of plant iron and zinc nutrition. Physiologia Plantarum, 126(3): 407-417.

Gómez-Alonso S, García-Romero E. 2010. Effect of irrigation and variety on oxygen (δ^{18}O) and carbon(δ^{13}C)stable isotope composition of grapes cultivated in a warm climate. Australian Journal of Grape and Wine Research, 16(2): 283-289.

Gómez-Ariza J L, Arias-Borrego A, García-Barrera T. 2006. Multielemental fractionation in pine nuts (*Pinus pinea*) from different geographic origins by size-exclusion chromatography with UV and inductively coupled plasma mass spectrometry detection. Journal of Chromatography A, 1121(2): 191-199.

Gomez-Becerra H F, Erdem H, Yazici A, Tutus Y, Torun B, Ozturk L, Cakmak I. 2010. Grain concentrations of protein and mineral nutrients in a large collection of spelt wheat grown under different environments. Journal of Cereal Science, 52(3): 342-349.

Gonzálvez A, Armenta S, De la Guardia M. 2011. Geographical traceability of "Arròs de Valencia" rice grain based on mineral element composition. Food Chemistry, 126(3): 1254-1260.

Gonzálvez A, Llorens A, Cervera M L, Armenta S, de la Guardia M. 2009. Elemental fingerprint of wines from the protected designation of origin Valencia. Food Chemistry, 112(1): 26-34.

Guo B L, Wei Y M, Pan J R, Li Y. 2010. Stable C and N isotope ratio analysis for regional geographical traceability of cattle in China. Food Chemistry, 118(4): 915-920.

Hajšlová J, Schulzová V, Slanina P, Janné K, Hellenäs K E, Andersson C H. 2005. Quality of organically and conventionally grown potatoes: four-year study of micronutrients, metals, secondary metabolites, enzymic browning and organoleptic properties. Food Additives and

Contaminants, 22(6): 514-534.

Haswell S J, Walmsley A D. 1998. Multivariate data visualisation methods based on multi-elemental analysis of wines and coffees using total reflection X-ray fluorescence analysis. Journal of Analytical Atomic Spectrometry, 13(2): 131-134.

Heaton K, Kelly S D, Hoogeweeff J, Woolfe M. 2008. Verifying the geographical origin of beef: the application of multi-element isotope and trace element analysis. Food Chemistry, 107(1): 506-515.

Herawati N, Suzuki S, Hayashi K, Rivai I F, Koyama H. 2000. Cadmium, copper, and zinc levels in rice and soil of Japan, Indonesia, and China by soil type. Bulletin of Environmental Contamination and Toxicology, 64(1): 33-39.

Hobson K A, Wassenaar L I, Mila B, Lovette I, Dingle C, Smith T B. 2003. Stable isotopes as indicators of altitudinal distributions and movements in an Ecuadorean hummingbird community. Oecologia, 136(2): 302-308.

Horacek M, Min J S. 2010. Discrimination of Korean beef from beef of other origin by stable isotope measurements. Food Chemistry, 121(2): 517-520.

Husted S, Mikkelsen B F, Jensen J, Nielsen N E. 2004. Elemental fingerprint analysis of barley (*Hordeum vulgare*) using inductively coupled plasma mass spectrometry, isotope-ratio mass spectrometry, and multivariate statistics. Analytical and Bioanalytical Chemistry, 378(1): 171-182.

Ioannis G, Anagnostis A, Athanasios T. 2011. Adulterations in Basmati rice detected quantitatively by combined use of microsatellite and fragrance typing with High Resolution Melting(HRM) analysis. Food Chemistry, 129(2): 652-659.

Irmak S, Vapur H. 2008. Correlation of manganese contents of soils and wheat plants (*Triticum spelta*) in the Cukurova region of Turkey. Pakistan Journal of Biological Sciences, 11(19): 2331-2335.

Jamali M K, Kazi T G, Arain M B, Afridi H I, Jalbani N, Sarfraz R A, Baig J A. 2008. A multivariate study: variation in uptake of trace and toxic elements by various varieties of *Sorghum bicolor* L. Journal of Hazardous Materials, 158(2-3): 644-651.

Jeon H, Lee S C, Cho Y J, Oh J H, Kwon K, Kim B H. 2015. A triple-isotope approach for discriminating the geographic origin of Asian sesame oils. Food Chemistry, 167: 363-369.

Joebstl D, Bandoniene D, Meisel T, Chatzistathis S. 2010. Identification of the geographical origin of pumpkin seed oil by the use of rare earth elements and discriminant analysis. Food Chemistry, 123(4): 1303-1309.

Joshi A K, Crossa J, Arun B, Chand R, Trethowan R, Vargas M, Ortiz-Monasterio I. 2010. Genotype environment interaction for zinc and iron concentration of wheat grain in eastern Gangetic plains of India. Field Crops Research, 116(3): 268-277.

Kabata-Pendias A, Pendias H. 2001.Trace Elements in Soils and Plants. Third Edition. Florida: CRC Press LLC.

Kabata-Pendias A. 2004. Soil–plant transfer of trace elements—an environmental issue. Geoderma, 122(2-4): 143-149.

Karami M, Afyuni M, Khoshgoftamarnesh A H, Papritz A, Schulin R. 2009. Grain zinc, iron, and copper concentrations of wheat grown in central Iran and their relationships with soil and climate variables. Journal of Agricultural and Food Chemistry, 57(22): 10876-10882.

Kawasaki A, Oda H, Hirata T. 2002. Determination of strontium isotope ratio of brown rice for estimating its provenance. Soil Science and Plant Nutrition, 48(5): 635-640.

Kelly S D, Bateman A S. 2010. Comparison of mineral concentrations in commercially grown organic and conventional crops-tomatoes (*Lycopersicon esculentum*) and lettuces (*Lactuca sativa*). Food Chemistry, 119(2): 738-745.

Kelly S, Heaton K, Hoogewerff J. 2005. Tracing the geographical origin of food: the application of multi-element and multi-isotope analysis. Trends in Food Science and Technology, 16(12): 555-567.

Kendall C. 1998. Tracing nitrogen sources and cycling in catchments. *In*: Kendall C, McDonnell J J. Isotope Tracers in Catchment Hydrology. Elsevier: Amsterdam: 519-576.

Kerley S J, Jarvis S C. 1996. Preliminary studies of the impact of excreted N on cycling and uptake of N in pasture systems using natural abundance stable isotope discrimination. Plant Soil, 178(2): 287-294.

Khazaei H, Mohammady S D, Zaharieva M, Monneveux P. 2009. Carbon isotope discrimination and water use efficiency in Iranian diploid, tetraploid and hexaploid wheats grown under well-watered conditions. Genetic Resources and Crop Evolution, 56(1): 105-114.

Khoshgoftarmanesh A H, Shariatmadari H, Karimian N, Kalbasi M, van der Zee S E A T M. 2006. Cadmium and zinc in saline soil solutions and their concentrations in wheat. Soil Science Society of America Journal, 70(2): 582-589.

Korner C, Farquhar G D, Roksandic Z. 1988. A global survey of carbon isotope discrimination in plants from high altitude. Oecologia, 74(4): 623-632.

Kornexl B E, Werner T, Roβmann A, Schmidt H L. 1997. Measurement of stable isotope abundances in milk and milk ingredients—a possible tool for origin assignment and quality control. Zeitschrift für Lebensmittel-Untersuchung und –Forschung, 205(1): 19- 24.

Kovács Z, Dalmadi I, Lukács L, Sipos L, Szántai-Kőhegyi K, Kókai Z, Fekete A. 2010. Geographical origin identification of pure Sri Lanka tea infusions with electronic nose, electronic tongue and sensory profile analysis. Journal of Chemometrics, 24(3-4): 121-130.

Kropf U, Golob T, Necemer M, Kump P, Korosec M, Bertoncelj J, Ogrinc N. 2010. Carbon and nitrogen natural stable isotopes in Slovene honey: adulteration and botanical and geographical aspects. Journal of Agricultural and Food Chemistry, 58(24): 12794-12803.

Lamanna R, Cattivelli L, Miglietta M L, Troccoli A. 2011. Geographical origin of durum wheat studied by ^{1}H-NMR profiling. Magenetic Resonance Chemistry, 49(1): 1-5.

Latoorre C H, Garcia J B, Martin S G, Crecente R M P. 2013. Chemometric classification of potatoes with protected designation of origin according to their producing area and variety. Journal of Agricultural and Food Chemistry, 61(35): 8444-8451.

Laurie S M, van Jaarsveld P J, Faber M, Philpott M F, Labuschagne M T. 2012. Trans-b-carotene, selected mineral content and potential nutritional contribution of 12 sweet potato varieties. Journal of Food Composition and Analysis, 27(2): 151-159.

Laursen K H, Schjoerring J K, Olesen J E, Askegaard M, Halekoh U, Husted S. 2011. Multielemental fingerprinting as a tool for authentication of organic wheat, barley, faba bean, and potato. Journal of Agricultural and Food Chemistry, 59(9): 4385-4396.

Lavado R S, Porcelli C A, Alvarez R. 2001. Nutrient and heavy metal concentration and distribution in corn, soybean and wheat as affected by different tillage systems in the Argentine Pampas. Soil & Tillage Research, 62(1-2): 55-60.

Lavado R S, Rodríguez M, Alvarez R, Taboada M A, Zubillaga M S. 2007. Transfer of potentially toxic elements from biosolid-treated soils to maize and wheat crops. Agriculture, Ecosystems and Environment, 118(1): 312-318.

Li G C, Wu Z J, Wang Y H, Dong X C, Li B, He W D, Wang S C, Cui J H. 2011. Identification of geographical origins of Schisandra fruits in China based on stable carbon isotope ratio analysis. European Food Research and Technology, 232: 797-802.

Li Q, Chen L S, Ding Q B, Lin G H. 2013. The stable isotope signatures of blackcurrant(*Ribes nigrum* L.)in main cultivation regions of China: implications for tracing geographic origin. European Food Research and Technology, 237(2): 109-116.

Liang K, Thomasson J A, Lee K M, Shen M X, Ge Y F, Herman T J. 2011. Printing data matrix code on food-grade tracers for grain traceability. Biosystems Engineering, 113(4): 396-401.

Lim S S, Choi W J, Kwak J H, Jung J W, Chang S X, Kim H Y, Yoon K S, Choi S M. 2007. Nitrogen and carbon isotope responses of Chinese cabbage and chrysanthemum to the application of liquid pig manure. Plant & Soil, 295(1-2): 67-77.

Lin G H, Phillips S, Ehleringer J R. 1996. Monsoonal precipitation responses of shrubs in a cold desert community on the Colorado Plateau. Oecologia, 106(1): 8-17.

Liu H Y, Guo B L, Wei Y M, Wei S, Ma Y Y, Zhang W. 2015. Effects of region, genotype, harvest year and their interactions on $\delta^{13}C$, $\delta^{15}N$ and δD in wheat kernels. Food Chemistry, 171: 56-61.

Liu H Y, Wei Y M, Lu H, Wei S, Jiang T, Zhang Y Q, Guo B L. 2016. Combination of the $^{87}Sr/^{86}Sr$ ratio and light stable isotopic values ($\delta^{13}C$, $\delta^{15}N$ and δD) for identifying the geographical origin of winter wheat in China. Food Chemistry, 212: 367-373.

Liu H Y, Wei Y M, Zhang Y Q, Wei S, Zhang S S, Guo B L. 2017. The effectiveness of multi-elements fingerprints for identifying the geographical origin of wheat. International Journal of Food Science and Technology, 52(4): 1018-1025.

Liu X Z, Wang G. 2010. Measurements of nitrogen isotope composition of plants and surface soils along the altitudinal transect of the eastern slope of Mount Gongga in southwest China. Rapid Communication in Mass Spectrometry, 24(20): 3063-3071.

Liu X F, Xue C H, Wang Y M, Li Z J, Xue Y, Xu J. 2012. The classification of sea cucumber (*Apostichopus japonicus*) according to region of origin using multi-element analysis and pattern recognition techniques. Food Control, 23(2): 522-527.

Luo D H, Dong H, Luo H Y, Xian Y P, Guo X D, Wu Y L. 2015a. Multi-element (C, N, H, O) stable isotope ratio analysis for determining the geographical origin of pure milk from different regions. Food Analytical Methods, 9(2): 437-442.

Luo D H, Dong H, Luo H Y, Xian Y P, Wan J, Guo X D, Wu Y L. 2015b. The application of stable isotope ratio analysis to determine the geographical origin of wheat. Food Chemistry, 174: 197-201.

Luo D H, Luo H Y, Dong H, Xian Y P, Guo X D, Wu Y L. 2015c. Hydrogen ($^{2}H/^{1}H$) combined with carbon ($^{13}C/^{12}C$) isotope ratios analysis to determine the adulteration of commercial honey. Food Analytical Methods, 9(1): 255-262.

Luykx D M A M, van Ruth S M. 2008. An overview of analytical methods for determining the geographical origin of food products. Food Chemistry, 107(2): 897-911.

Lynch J P, Clair S B S. 2004. Mineral stress: the missing link in understanding how global climate change will affect plants in real world soils. Field Crops Research, 90(1): 101-115.

Lyons G, Ortiz-Monasterio I, Stangoulis J, Graham R. 2005. Selenium concentration in wheat grain: is there sufficient genotypic variation to use in breeding. Plant and Soil, 269(1-2): 369-380.

Ma D H, Wang X C, Liu L P, Liu Y. 2012. Application of hydrogen stable isotope in Chinese export tilapia geographical origin traceability. Food & Machinery, 28(1): 5-7.

Magdas D A, Cuna S, Cristea G, Ionete R E, Costinel D. 2012. Stable isotopes determination in some Romanian wines. Isotopes in Environmental & Health Studies, 48(2): 345-353.

Máguas C, Griffiths H. 2003. Applications of stable isotopes in plant ecology. In: Esser K, Lüttge U, Beyschlag W, Hellwig F. (eds) Progress in Botany. Progress in Botany, Springer, Berlin, Heidelberg64, 472-505.

Malek M A, Hinton T G, Webb S B. 2002. A comparison of ^{90}Sr and ^{137}Cs uptake in plants via three pathways at two Chernobyl-contaminated sites. Journal of Environmental Radioactivity, 58(2): 129-141.

Manca G, Franco M A, Versini G, Camin F, Rossmann A, Tola A. 2006. Correlation between multielement stable isotope ratio and geographical origin in Peretta cows' milk cheese. Journal of Dairy Science, 89(3): 831-839.

Marchionni S, Braschi E, Tommasini S, Bollati A, Cifelli F, Mulinacci N, Mattei M, Conticelli S. 2013. High-precision ^{87}Sr/^{86}Sr analyses in wines and their use as a geological fingerprint for tracing geographic provenance. Journal of Agriculture and Food Chemistry, 61(28): 6822-6831.

Marcosa A, Fishera A, Reab G, Hill S J. 1998. Preliminary study using trace element concentrations and a chemometrics approach to determine the geographical origin of tea. Journal of Analytical Atomic Spectrometry, 13(6): 521-525.

Marini F, Zupan J, Magrí A L. 2004. On the use of counter propagation artificial neural networks to characterize Italian rice varieties. Analytica Chimica Acta, 510(2): 231-240.

Marisa C, Almeida R, Teresa M, Vasconcelos S D. 2004. Does the winemaking process influence the wine ^{87}Sr/^{86}Sr? A case study. Food Chemistry, 85(1): 7-12.

Marques J J, Schulze D G, Curi N, Mertzman S A. 2004. Major element geochemistry and geomorphic relationships in Brazilian Cerrado soils. Geoderma, 119(3-4): 179-195.

Martin G J, Martin M L. 2003. Climatic significance of isotope ratios. Phytochemistry Reviews, 2(1-2): 179-190.

Martinelli L A, Nardoto G B, Chesson L A, Rinaldi F D, Ometto J P H B, Cerling T E, Ehleringer J R. 2011. Worldwide stable carbon and nitrogen isotopes of big Mac® patties: an example of a truly "glocal" food. Food Chemistry, 127(4): 1712-1718.

Medini S, Janin M, Verdoux P, Techer I. 2015. Methodological development for ^{87}Sr/^{86}Sr measurement in olive oil and preliminary discussion of its use for geographical traceability of PDO Nimes (France). Food Chemistry, 171: 78-83.

Mench M, Baize D, Mocquot B. 1997. Cadmium availability to wheat in five soil series from the Yonne district, Burgundy, France. Environmental Pollution, 95(1): 93-103.

Merah O. 2001. Carbon isotope discrimination and mineral composition of three organs in durum wheat genotypes grown under Mediterranean conditions. Life Sciences, 324(4): 355-363.

Montgomery J, Evans J A, Wildman G. 2006. ^{87}Sr/^{86}Sr isotope composition of bottled British mineral waters for environmental and forensic purposes. Applied Geochemistry, 21(10): 1626-1634.

Morcia C, Rattotti E, Stanca M, Tumino G, Rossi V, Ravaglia S, Germeier C U, Hermann M, Polisenska I, Terzi V. 2013. Fusarium genetic traceability: role for mycotoxin control in small grain cereals agro-food chains. Journal of Cereal Science, 57(2): 175-182.

Moreda-Piñeiro A, Fisher A, Hill S J. 2003. The classification of tea according to region of origin using pattern recognition techniques and trace metal data. Journal of Food Composition and Analysis, 16(2): 195-211.

Moreno-Rojas R, Sánchez-Segarra P J, Cámara-Martos F, Amaro-López M A. 2010. Multivariate analysis techniques as tools for categorization of Southern Spanish cheeses: nutritional composition and mineral content. European Food Research and Technology, 231(6): 841-851.

Morgounov A, Go mez-Becerra H F, Abugalieva A, Dzhunusova M, Yessimbekova M, Muminjanov

H, Zelenskiy Y, Ozturk L, Cakmak I. 2007. Iron and zinc grain density in common wheat grown in Central Asia. Euphytica, 155(1-2): 193-203.

Nakashita R, Suzuki Y, Akamatsu F, Lizumi Y, Korenaga T, Chikaraishi Y. 2008. Stable carbon, nitrogen, and oxygen isotope analysis as a potential tool for verifying geographical origin of beef. Analytica Chimica Acta, 617(1-2): 148-152.

Nan Z, Zhao C, Li J, Chen F, Sun W. 2002. Relations between soil properties and selected heavy metal concentrations in spring wheat (*Triticum aestivum* L.) grown in contanminated soils. Water, Air, and Soil Pollution, 133(1-4): 205-213.

Nietner T, Haughey S A, Ogle N, Fauhl-Hassek C, Elliott C T. 2014. Determination of geographical origin of distillers dried grains and solubles using isotope ratio mass spectrometry. Food Research International, 60: 146-153.

Nikkarinen M, Mertanen E. 2004. Impact of geological origin on trace element composition of edible mushrooms. Journal of Food Composition and Analysis, 17(3): 301-310.

Núez M, Pea R M, Herrero C, García-Martín S. 2000. Analysis of some metals in wine by means of capillary electrophoresis. Application to the differentiation of Ribeira Sacra Spanish red wines. Analusis, 28(5): 432-437.

Ogrinc N, Kosir I J, Kocjancic M, Kidric J. 2001. Determination of authenticy, regional origin, and vintage of Slovenian wines using a combination of IRMS and SNIF-NMR analyses. Journal of Agricultural and Food Chemistry, 49(3): 1432-1440.

Oikeh S O, Menkir A, Maziyadixon B, Welch R M, Glahn R P, Gjr G. 2004. Environmental stability of iron and zinc concentrations in grain of elite early-maturing tropical maize genotypes grown under field conditions. Journal of Agricultural Science, 142(5): 543-551.

O'Leary M H. 1981. Carbon isotope fractionation in plants. Phytochemistry, 20(4): 553-567.

Osorio M T, Moloney A P, Schmidt O, Monahan F J. 2011. Multielement isotope analysis of bovine muscle for determination of international geographical origin of meat. Journal of Agriculture and Food Chemistry, 59(7): 3285-3294.

Oury F X, Leenhardt F, Rémésy C, Chanliaud E, Duperrier B, Balfourier F, Charmet G. 2006. Genetic variability and stability of grain magnesium, zinc and iron concentrations in bread wheat. European Journal of Agronomy, 25(2): 177-185.

Özdemir M, Açkurt F, Kaplan M, Yildiz M, Löeker M, Gürcan T, Biringen G, Okay A, Seyhan F G. 2001. Evaluation of new Turkish hybrid hazelnut (*Corylus avellana* L.) varieties: fatty acid composition, a-tocopherol content, mineral composition and stability. Food Chemistry, 73(4): 411-415.

Parcerisa J, Rafecas M, Castellote A I, Codony R, Farràn A, Garcia J, Gonzalez C, López A, Romeroe A, Boatella J. 1995. Influence of variety and geographical origin on the lipid fraction of hazelnuts (*Corylus avellana* L.) from Spain: (III) oil stability, tocopherol content and some mineral contents (Mn, Fe, Cu). Food Chemistry, 53(1): 71-74.

Perilli P, Mitchell L G, Grant C A, Pisante M. 2010. Cadmium concentration in durum wheat grain (*Triticum turgidum*) as influenced by nitrogen rate, seeding date and soil type. Journal of the Science of Food and Agriculture, 90(5): 813-822.

Perini M, Camin F, Bontempo L, Rossmann A, Piasentier E. 2009. Multielement (H, C, N, O, S) stable isotope characteristics of lamb meat from different Italian regions. Rapid Communications in Mass Spectrometry, 23(16): 2573-2585.

Peterson C J, Johnson V A, Mattern P J. 1986. Influence of cultivar and environment on mineral and protein concentrations of wheat flour, bran and grain. Cereal Chemistry, 63(3): 183-186.

Petrini R, Sansone L, Slejko F F, Buccianti A, Marcuzzo P, Tomasi D. 2015. The $^{87}Sr/^{86}Sr$ strontium isotopic systematics applied to Glera vineyards: a tracer for the geographical origin of the Prosecco. Food Chemistry, 170: 138-144.

Pilgrim T S, Watling R J, Grice K. 2010. Application of trace element and stable isotope signatures to determine the provenance of tea (*Camellia sinensis*) samples. Food Chemistry, 118(4): 921-926.

Pillonel L, Badertscher R, Froidevaux P, Haberhauer G, Ho.lzl S, Horn P, Jakob A, Pfammatter E, Piantini U, Rossmann A, Tabacchi R, Bosset J O. 2003. Stable isotope ratios, major, trace and radioactive elements in emmental cheeses of different origins. LWT-Food Science and Technology, 36(6): 615-623.

Podio N S, Baroni M V, Badini R G, Inga M, Ostera H A, Cagnoni M, Gautier E A, Garcia P P, Hoogewerff J, Wunderlin D A. 2013. Elemental and isotopic fingerprint of Argentinean wheat. Matching soil, water, and crop composition to differentiate provenance. Journal of Agricultural and Food Chemistry, 61: 3763-3773.

Portarena S, Gavrichkova O, Lauteri M, Brugnoli E. 2014. Authentication and traceability of Italian extra-virgin olive oils by means of stable isotopes techniques. Food Chemistry, 164: 12-16.

Prins T W, van Dijk J P, Angeline Van Hoef A M, Voorhuijzen M M, Broeders S, Trapmann S, Seyfarth R, Pardigol A, Schoen C D, Aarts H J M. 2010. Towards a multiplex cereal traceability tool using padlock probe ligation on genomic DNA. Food Chemistry, 118(4): 966-973.

Purvis O W, Dubbin W, Chimonides P D J, Jones G C, Read H. 2008. The multi-element content of the lichen *Parmelia sulcata*, soil, and oak bark in relation to acidification and climate. Science of the Total Environment, 390(2-3): 558-568.

Puschenreiter M, Horak O. 2000. Influence of different soil parameters on the transfer factor soil to plant of Cd, Cu and Zn for wheat and rye. Die Bodenkultur, 5(1): 3-10.

Raigón M D, Prohens J, Muñoz-Falcón J E, Nuez F. 2008. Comparison of eggplant landraces and commercial varieties for fruit content of phenolics, minerals, dry matter and protein. Journal of Food Composition and Analysis, 21(5): 370-376.

Rajabi A, Ober E S, Griffiths H. 2009. Genotypic variation for water use efficiency, carbon isotope discrimination, and potential surrogate measures in sugar beet. Field Crops Research, 112(2-3): 172-181.

Rebetzke G J, Richards R A, Condon A G, Farquhar G D. 2006. Inheritance of carbon isotope discrimination in bread wheat (*Triticum Aestivum* L.). Euphytica, 150(1-2): 97-106.

Rees G, Kelly S D, Cairns P, Ueckermann H, Hoelzl S, Rossmann A, Scotter M J. 2016. Verifying the geographical origin of poultry: the application of stable isotope and trace element (SITE) analysis. Food Control, 67: 144-154.

Rochfort S J, Ezernieks V, Maher A D, Ingram B A, Olsen L. 2013. Mussel metabolomics—species discrimination and provenance determination. Food Research International, 54(1): 1302-1312.

Rodrigues C I, Maia R, Miranda M, Roux C. 2009. Stable isotope analysis for green coffee bean: a possible method for geographic origin discrimination. Journal of Food Composition and Analysis, 22(5): 463-471.

Rodrigues S M, Otero M, Alves A A, Coimbra J, Coimbra M A, Pereira E, Duarte A C. 2011. Elemental analysis for categorization of wines and authentication of their certified brand of origin. Journal of Food Composition and Analysis, 24(4-5): 548-562.

Rodríguez L H, Morales D A, Rodríguez E R, Romero C D. 2011. Minerals and trace elements in a collection of wheat landraces from the Canary Islands. Journal of Food Composition and Analysis, 24: 1081-1090.

Römisch U, Jäger H, Capron X, Lanteri S, Forina M, Smeyers-Verbeke J. 2009. Characterization and determination of the geographical origin of wines. Part III: multivariate discrimination and classification methods. European Food Research and Technology, 230(1): 31-45.

Rossmann A. 2001. Determination of stable isotope ratios in food analysis. Food Reviews International, 17(3): 347-381.

Rossmann A, Haberhauer G, Hölzl S, Horn P, Pichlmayer F, Voerkelius S. 2000. The potential of multielement stable isotope analysis for regional origin assignment of butter. European Food Research and Technology, 211(1): 32-40.

Rowland D L, Lamb M C. 2005. The effect of irrigation and genotype on carbon and nitrogen isotope composition in peanut (*Arachis hypogaea* L.) leaf tissue. Peanut Science, 32(1): 48-56.

Rozanski A A, Araguas-Araguas L, Geofiantini R. 1992. Isotopic patterns in global precipitation. Washington Dc American Geophysical Union Geophysical Monograph, 78: 1-36.

Rummel S, Dekant C H, Holzl S, Kelly S D, Baxter M, Marigheto N, Quetel C R, Larcher R, Nicolini G, Froschl H, Ueckermann H, Hoogewerff J. 2012. Sr isotope measurements in beef-analytical challenge and first results. Analytical and Bioanalytical Chemistry, 402(9): 2837-2848.

Rummel S, Hoelzl S, Horn P, Rossmann A, Schlicht C. 2010. The combination of stable isotope abundance ratios of H, C, N and S with $^{87}Sr/^{86}Sr$ for geographical origin assignment of orange juices. Food Chemistry, 118(4): 890-900.

Sacco D, Brescia M A, Buccolieri A, Jambrenghi A C. 2005. Geographical origin and breed discrimination of Apulian lamb meat samples by means of analytical and spectroscopic determinations. Meat Science, 71(3): 542-548.

Santrucek J, Kveton J, Setlik J, Bulickova L. 2007. Spatial variation of deuterium enrichment in bulk water of snowgum leaves. Plant Physilogy, 143(1): 88-97.

Sass-Kiss A, Kiss J, Havadi B, Adányi N. 2008. Multivariate statistical analysis of botrytised wines of different origin. Food Chemistry, 110(3): 742-750.

Sattouf M, Kratz S, Diemer K, Rienitz O, Fleckenstein J, Schiel D, Schnug E. 2007. Identifying the origin of rock phosphates and phosphorus fertilizers through high-precision measurement of the strontium isotopes ^{87}Sr and ^{86}Sr. Landbauforschung Volkenrode, 57: 2637-2640.

Scampicchio M, Mimmo T, Capici C, Huck C, Innocente N, Drusch S, Cesc S. 2012. Identification of milk origin and process-induced changes in milk by stable isotope ratio mass spectrometry. Journal of Agriculture and Food Chemistry, 60(45): 11268-11273.

Schellenberg A, Chmielus S, Schlicht C, Camin F, Perini M, Bontempo L, Heinrich K, Kelly S D, Rossmann A, Thomas F. 2010. Multielement stable isotope ratios (H, C, N, S) of honey from different European regions. Food Chemistry, 121(3): 770-777.

Schipilliti L, Dugo P, Bonaccorsi I, et al. 2012. Authenticity control on lemon essential oils employing Gas Chromatography－Combustion-Isotope Ratio Mass Spectrometry (GC－C-IRMS). Food Chemistry, 131(4): 1523-1530.

Schlesier K, Fauhl-Hassek C, Forina M, Cotea V, Kocsi E, Schoula R, van Jaarsveld F, Wittkowski R. 2009. Characterisation and determination of the geographical origin of wines. Part I: overview. European Food Research and Technology, 230(1): 1-13.

Schmidt H L, Werner R A, Eisenreich W. 2003. Systematics of ^{2}H patterns in natural compounds and its importance for the elucidation of biosynthetic pathways. Phytochemistry Reviews, 2(1-2): 61-85.

Schmidt O, Quilter J M, Bahar B, Moloney A P, Scrimgeour C M, Begley I S, Monahan F J. 2005. Inferring the origin and dietary history of beef from C, N and S stable isotope ratio analysis.

Food Chemistry, 91(3): 545-549.

Schuhmacher M, Domingo J L, Llobet J M, Corbella J. 1994. Cadmium, chromium, copper, and zinc in rice and rice field soil from southern Catalonia, Spain. Bulletin of Environmental Contamination and Toxicology, 53(1): 54-60.

Schwertl M, Auerswald K, Schäufele R, Schnyder H. 2005. Carbon and nitrogen stable isotope composition of cattle hair: ecological fingerprints of production system? Agriculture, Ecosystems and Environment, 109(1): 153-165.

Serret M D, Ortiz-Monasterio I, Pardo A, Araus J L. 2008. The effects of urea fertilisation and genotype on yield, nitrogen use efficiency, δ^{15}N and δ^{13}C in wheat. Annals of Applied Biology, 153(2): 243-257.

Shen Y J, Zhang Z B, Gao L, Peng X. 2015. Evaluating contribution of soil water tot paddy rice by stable isotopes of hydrogen and oxygen. Paddy Water Environment, 13: 125-133.

Shtangeeva I, Steinnes E, Lierhagen S. 2011. Macronutrients and trace elements in rye and wheat: similarities and differences in uptake and relationships between elements. Environmental and Experimental Botany, 70(2-3): 259-265.

Shumana L M, Wang J. 1997. Effect of rice variety on zinc, cadmium, iron, and manganese content in rhizosphere and non-rhizosphere soil fractions. Communications in Soil Science and Plant Analysis, 28(1-2): 23-36.

Silva A V, Hélie J F, Caxito Fd A, Monardes H, Mustafa A F, Stevenson R. 2014. Multi-stable isotope analysis as a tool for assessing the geographic provenance of dairy products: a case study using buffalo's milk and cheese samples from the Amazon basin, Brazil. International Dairy Journal, 35(2): 107-110.

Simpkins W A, Louie H, Wu M, Harrison M, Goldberg D. 2000. Trace elements in Australian orange juice and other products. Food Chemistry, 71(4): 423-433.

Škrbić B, Onjia A. 2007. Multivariate analyses of microelement contents in wheat cultivated in Serbia (2002). Food Control, 18(4): 338-345.

Smet S D, Balcaen A, Claeys E, Boeckx P, Cleemput O V. 2004. Stable carbon isotope analysis of different tissue of beef animal in relation to their diet. Rapid Communications in Mass Spectrometry, 18(11): 1227-1232.

Smeyers-Verbeke J, Jäger H, Lanteri S, Brereton P, Jamin E, Fauhl-Hassek C, Forina M, Römisch U. 2009. Characterization and determination of the geographical origin of wines. Part II: descriptive and inductive univariate statistics. European Food Research and Technology, 230(1): 15-29.

Smith G C, Tatum J D, Belk K E, Scanga J A, Grandin T, Sofos J N. 2005. Traceability from a US perspective. Meat Science, 71(1): 174-193.

Smith R G. 2005. Determination of the country of origin of garlic (*Allium sativum*) using trace metal profiling. Journal of Agricultural and Food Chemistry, 53(10): 4041-4045.

Söderström M. 1998. Modelling Local Heavy Metal Distribution: a study of chromium in soil and wheat at a ferrochrome smelter in South-western Sweden. Acta Agriculturae Scandinavica Section B—Soil and Plant Science, 48(1): 2-10.

Sotiropoulos M A, Tonn W M, Wassenaar L I. 2004. Effects of lipid extraction on stable carbon and nitrogen isotope analyses of fish tissues: potential consequences for food web studies. Ecology of Freshwater Fish, 13(3): 155-160.

Spangenberg J E, Dold B, Marielouise Vogt A, Pfeifer H R. 2007. Stable hydrogen and oxygen isotope composition of waters from mine tailings in different climatic environments. Environmental Science & Technology, 41(6): 1870-1876.

Šrek P, Hejcman M, Kunzová E. 2010. Multivariate analysis of relationship between potato (*Solanum tuberosum* L.) yield, amount of applied elements, their concentrations in tubers and uptake in a long-term fertilizer experiment. Field Crops Research, 118(2): 183-193.

Sud R G, Prased R, Bhargava M. 1995. Effect of weather conditions on concentration of calcium, manganese, zinc, copper and iron in green tea (*Camellia sinensis* (L) O kuntze) leaves of North-Western India. Journal of the Science of Food & Agriculture, 67(3): 341-346.

Sun S, Guo B, Wei Y. 2016. Origin assignment by multi-element stable isotopes of lamb tissues. Food Chemistry, 213: 675-681.

Sun S, Guo B, Wei Y, Fan M. 2011. Multi-element analysis for determining the geographical origin of mutton from different regions of China. Food Chemistry, 124(3): 1151-1156.

Suwarto, Nasrullah. 2011. Genotype × environment interaction for iron concentration of rice in Central Java of Indonesia. Rice Science, 18(1): 75-78.

Suzuki S, Iwao S. 1982. Cadmium, copper, and zinc levels in the rice and rice field soil of Houston, Texas. Biological Trace Element Research, 4(1): 21-28.

Suzuki Y, Chikaraishi Y, Ogawa N O, Ohkouchi N, Korenaga T. 2008.Geographical origin of polished rice based on multiple element and stable isotope analyses. Food Chemistry, 109(2): 470-475.

Suzuki Y, Nakashita R, Kobe R, Kitai A, Tomiyama S. 2012. Tracing the geographical origin of Japanese (Aomori Prefecture) and Chinese apples using stable carbon and oxygen isotope analyses. Journal of the Japanese Society for Food Science and Technology, 59(2): 69-75.

Swoboda S, Brunner M, Boulyga S F, Galler P, Horacek M, Prohaska T. 2008. Identification of Marchfeld asparagus using Sr isotope ratio measurements by MC-ICP-MS. Analytical and Bioanalytical Chemistry, 390(2): 487-494.

Syltie P W, Dahnke W C. 1983. Mineral and protein content, test weight, and yield variations of hard red spring wheat grain as influenced by fertilization and cultivar. Plant Foods for Human Nutrition, 32(1): 37-49.

Tanaka H, Ohshimo S, Takagi N, Ichimaru T. 2010. Investigation of the geographical origin and migration of anchovy *Engraulis japonicus* in Tachibana Bay, Japan: a stable isotope approach. Fisheries Research, 102(1-2): 217-220.

Tang J, Zou C, He Z, Shi R, Ortiz -Monasterio I, Qu Y, Zhang Y. 2008. Mineral element distributions in milling fractions of Chinese wheats. Journal of Cereal Science, 48(3): 821-828.

Techer I, Lancelot J, Descroix F, Guyot B. 2011. About Sr isotopes in coffee 'Bourbon Pointu' of the Réunion island. Food Chemistry, 126(2): 718-724.

Thakur M, Hurburgh C R. 2009. Framework for implementing traceability system in the bulk grain supply chain. Journal of Food Engineering, 95(4): 617-626.

Todea A, Roian I, Holonec L, Mocanu C. 2009. Legal protection for geographical indications and designations of origin for agricultural products and foodstuffs. Bulletin of University of Agricultural Sciences and Veterinary Medicine Cluj-Napoca, 66(2): 463-466.

Trincherini P R, Baffi C, Barbero P, Pizzoglio E, Spalla S. 2014. Precise determination of strontium isotope ratios by TIMS to authenticate tomato geographical origin. Food Chemistry, 145: 349-355.

Turchini G M, Quinn G P, Jones P L, Palmeri G, Gooley G. 2009. Traceability and discrimination among differently farmed fish: a case study on Australian murray cod. Journal of Agricultural and Food Chemistry, 57: 274-281.

Tuzen M, Silici S, Mendil D, Soylak M. 2007. Trace element levels in honeys from different regions of Turkey. Food Chemistry, 103(2): 325-330.

Vallano D M, Sparks J P. 2013. Foliar delta^{15}N is affected by foliar nitrogen uptake, soil nitrogen, and mycorrhizae along a nitrogen deposition gradient. Oecologia, 172(1): 47-58.

van der Linde G, Fischer J L, Coetzee P P. 2010. Multi-element analysis of South African wines and their provenance soils by ICP-MS and their classification according to geographical origin using multivariate statistics. South African Journal for Enology & Viticulture, 31(2): 143-153.

Vaughn B H, Evans C U, White J W C, Still C J, Masarie K A, Turnbull J. 2009. Global network measurements of atmospheric trace gas isotopes. *In*: Jason B W. Isoscapes, Understanding Movement, Pattern, and Process on Earth through Isotope Mapping. Amsterdam: Springer: 3-31.

Velu G, Singh R P, Huerta-Espino J, Peña R J, Arun B, Mahendru-Singh A, Mujahid M Y, Sohu V S, Mavi G S, Crossa J, Alvarado G, Joshi A K, Pfeiffer W H. 2012. Performance of biofortified spring wheat genotypes in target environments for grain zinc and iron concentrations. Field Crops Research, 137(3): 261-267.

Vitòria L, Otero N, Soler A, Canals A. 2004. Fertilizer characterization: isotopic data (N, S, O, C, and Sr). Environmental Science and Technology, 38(12): 3254-3262.

Vogt T, Clauer N, Larqué P. 2010. Impact of climate and related weathering processes on the authigenesis of clay minerals: examples from circum-Baikal region, Siberia. Catena, 80(1): 53-64.

Wang P, Song X F, Han D M, Zhang Y H, Liu X. 2010. A study of root water uptake of crops indicated by hydrogen and oxygen stable isotopes: a case in Shanxi Province, China. Agricultural Water Management, 97(3): 475-482.

Wang T, Zhang X, Li C. 2007. Growth, abscisic acid content, and carbon isotope composition in wheat cultivars grown under different soil moisture. Biologia Plantarum, 51(1): 181-184.

Warman P R, Havard K A. 1998. Yield, vitamin and mineral contents of organically and conventionally grown potatoes and sweet corn. Agriculture, Ecosystems and Environment, 68(3): 207-216.

Weckerle B, Richling E, Heinrich S, et al. Origin assessment of green coffee (Coffea arabica) by multi-element stable isotope analysis of caffeine. Analytical and Bioanalytical Chemistry, 2002, 374(5): 886-890.

Wenzel W W, Blum W E H, Brandstetter A, Jockwer F, Kchl A, Oberforster M, Oberlnder H E, Riedler C, Roth K, Vladeva I. 1996. Effects of soil properties and cultivar on cadmium accumulation in wheat grain. Z Pflanzenernähr. Bodenkd, 159(6): 609-614.

West A G, Patrickson S J, Ehleringer J R. 2006. Water extraction times for plant and soil materials used in stable isotope analysis. Rapid Communication in Mass Spectrometry, 20(8): 1317-1321.

Wu C, Yamada K, Sumikawa O, Matsunaga A, Gilbert A, Yoshida N. 2012. Development of a methodology using gas chromatography-combustion-isotope ratio mass spectrometry for the determination of the carbon isotope ratio of caffeine extracted from tea leaves (*Camellia sinensis*). Rapid Communications in Mass Spectrometry, 26(8): 978-982.

Wu Y, Luo D, Dong H, Luo H, Xian Y, Wan J, Guo X, Wu Y. 2015. Geographical origin of cereal grains based on element analyser-stable isotope ratio mass spectrometry (EA-SIRMS). Food Chemistry, 174: 553-557.

Yano K, Sekiya N, Samson B K, Mazid M A, Yamauchi A, Kono Y, Wade L J. 2006. Hydrogen isotope composition of soil water above and below the hardpan in a rainfed lowland rice field. Field Crop Research, 96(2-3): 477-480.

Yasui A, Shindoh K. 2000. Determination of the geographic origin of brown-rice with trace-element composition. Bunseki Kagaku, 49: 405-410.

Yun S I, Ro H M. 2008. Stable C and N isotopes: a tool to interpret interacting environmental stresses on soil and plant. Journal of Applied Biological Chemistry, 51(6): 262-271.

Zhang S Z, Shan X Q. 2001. Speciation of rare earth elements in soil and accumulation by wheat with rare earth fertilizer application. Environmental Pollution, 112(3): 395-405.

Zhang X Y, Pei D, Chen S Y. 2004. Root growth and soil water utilization of winter wheat in the North China Plain. Hydrological Processes, 18(12): 2275-2287.

Zhang Y, Song Q C, Yan J, Tang J W, Zhao R R, Zhang Y Q, He Z H, Zou C Q, Ortiz-Monasterio I. 2010. Mineral element concentrations in grains of Chinese wheat cultivars. Euphytica, 174(3): 303-313.

Zhang Y C, Shen Y J, Sun H Y, Gates J B. 2011. Evapotranspiration and its partitioning in an irrigated winter wheat field: a combined isotopic and micrometeorologic approach. Journal of Hydrology, 408(3-4): 203-211.

Zhao F J, Adams M L, Dumont C, McGrath S P, Chaudri A M, Nicholson F A, Chambers B J, Sinclair A H. 2004. Factors affecting the concentrations of lead in British wheat and barley grain. Environmental Pollution, 131(3): 461-468.

Zhao F J, Su Y H, Dunham S J, Rakszegi M, Bedo Z, McGrath S P, Shewry P R. 2009. Variation in mineral micronutrient concentrations in grain of wheat lines of diverse origin. Journal of Cereal Science, 49(2): 290-295.

Zhao H Y, Guo B L, Wei Y M, Zhang B, Sun S M, Zhang L, Yan J H. 2011. Determining the geographic origin of wheat using multielement analysis and multivariate statistics. Journal of Agricultural and Food Chemistry, 59(9): 4397-4402.

Zhao H Y, Guo B L, Wei Y M, Zhang B. 2013. Near infrared reflectance spectroscopy for determination of the geographical origin of wheat. Food Chemistry, 138(2-3): 1902-1907.

Zhao H Y, Guo B L, Wei Y M, Zhang B. 2014. Effects of grown origin, genotype, harvest year, and their interactions of wheat kernels on near infrared spectral fingerprints for geographical traceability. Food Chemistry, 152(2): 316-322.

Zimmermann U, Ehhalt D, Muennich K O. 1967. Soil-water movement and evapotranspiration: Changes in the isotopic composition of the water. Isotopes in Hydrology. Vienna: International Atomic Energy Agency: 567-585.

后　记

《谷物产地指纹溯源理论与技术》一书的研究过程和资料信息得到了国家现代农业产业技术体系建设项目（CARS-03）、国家农业科技创新工程、国家自然科学基金项目（31371774）等的资助。

作者团队多次参加国际、国内食品安全科学与技术研讨会，组织国内专家开展食品质量与安全方面的学术交流和研讨，参与相关科研项目的检查和评估。这些活动为本书研究内容的设计、实施和撰写提供了启发和参考，丰富了本书的内涵，也提高了作者的知识水平和写作技能。

在黄淮冬麦区随机采集小麦样品的过程中，河北省石家庄市农林科学研究院刘彦军研究员、班进福副研究员，河南省粮食科学研究所有限公司尹成华高级工程师（教授级），安阳市农业科学院杨春玲研究员，山东农业大学田纪春教授，王守义教授，西北农林科技大学张国权教授，中国农业科学院作物科学研究所王步军研究员等给予了大力支持；在小麦田间试验过程中，石家庄市农林科学研究院刘彦军研究员、班进福副研究员、单子龙等，河南省新乡市农业科学院赵宗武研究员、蒋志凯研究员、盛坤博士、李晓航博士，西北农林科技大学张晓科教授、王晓龙博士、桂安胜、杨杰等给予了无私帮助。样品采集和前处理期间，研究团队严军辉、赵博、张磊、盛茂茂、雷会宁及学生和工作人员给予了大力帮助；在样品测试过程中，中国农业科学院农业环境与可持续发展研究所李玉中研究员、李巧珍研究员，清华大学林光辉教授，中国计量科学研究院王军研究员、逯海副研究员等给予了大力帮助和支持。

在此书付印之际，对提供资助、帮助、交流和合作的机构、组织和个人表示诚挚的谢意。

著　者

2019 年 4 月 23 日

后 记